# 中国饲料工业统计

## 2017

全国饲料工作办公室
中国饲料工业协会 编

中国农业出版社

北 京

**图书在版编目（CIP）数据**

中国饲料工业统计.2017／全国饲料工作办公室，
中国饲料工业协会编.—北京：中国农业出版社，
2018.9
　　ISBN　978-7-109-24428-3

　　Ⅰ.①中…　Ⅱ.①全…②中…　Ⅲ.①饲料工业—统
计资料—中国—2017　Ⅳ.①F326.3-66

　　中国版本图书馆 CIP 数据核字（2018）第 171347 号

中国农业出版社出版
（北京市朝阳区麦子店街 18 号楼）
（邮政编码 100125）
责任编辑　汪子涵

中国农业出版社印刷厂印刷　新华书店北京发行所发行
2018 年 9 月第 1 版　2018 年 9 月北京第 1 次印刷

开本：720mm×960mm 1/16　印张：9　插页：2
字数：200 千字
定价：150.00 元
（凡本版图书出现印刷、装订错误，请向出版社发行部调换）

# 编　者　说　明

　　一、《中国饲料工业统计 2017》是一本反映我国饲料工业生产情况的统计资料工具书。内容包括 3 个部分。第一部分为 2017 年饲料生产统计，数据由各省（自治区、直辖市）饲料管理部门提供。第二部分为 2017 年主要饲料原料进出口情况，数据来源于海关总署。第三部分为 2017 年全国饲料生产形势分析，由全国畜牧总站、中国饲料工业协会信息中心提供。其中，文中所提 180 家重点跟踪企业的年度饲料总产量约占全国饲料总产量的 10％。由于所选企业的规模产量高于全国平均水平的居多，故仅供趋势性参考。畜产品价格来源于全国农产品批发市场价格信息网。

　　二、本书所涉及的全国性统计指标未包括香港、澳门特别行政区和台湾省数据。

　　三、本书部分数据合计数或相对数由于单位取舍不同而产生的计算误差均未做机械调整。

　　四、有关符号的说明："-"表示数据不详或无该项指标。

# 目　　录

编者说明

第一部分　2017 年饲料生产统计 ·········································· 1

　2017 年饲料工业运行情况分析 ·········································· 3

　全国饲料工业总产值和营业收入情况 ·································· 16

　全国饲料加工企业生产综合情况（总表） ······························ 18

　全国饲料加工企业生产综合情况（分品种） ···························· 19

　全国配合饲料加工企业生产情况 ········································ 20

　全国浓缩饲料加工企业生产情况 ········································ 22

　全国添加剂预混合饲料加工企业生产情况 ······························ 24

　全国饲料添加剂产量情况 ·············································· 26

　全国饲料添加剂单项产品生产情况 ······································ 30

　全国饲料机械工业设备企业生产情况 ···································· 33

　全国饲料大宗原料消费情况 ············································ 34

　全国饲料企业年末职工人数情况 ········································ 36

　饲料工业出口产品信息 ················································ 38

第二部分　2017 年主要饲料原料进出口情况 ···························· 41

　2017 年主要饲料原料进出口情况 ······································ 43

　2017 年各月玉米进出口情况 ·········································· 44

　2017 年各月大豆进出口情况 ·········································· 45

　2017 年各月豆粕进出口情况 ·········································· 46

　2017 年各月饲料用鱼粉进出口情况 ···································· 47

　2017 年各月蛋氨酸进出口情况 ········································ 48

　2017 年各月赖氨酸进出口情况 ········································ 49

第三部分　2017 年全国饲料生产形势分析 ······························ 51

　2017 年 1 月全国饲料生产形势分析 ···································· 53

2017 年 2 月全国饲料生产形势分析 ……………………………………………………… 60

2017 年 3 月全国饲料生产形势分析 ……………………………………………………… 67

2017 年 4 月全国饲料生产形势分析 ……………………………………………………… 74

2017 年 5 月全国饲料生产形势分析 ……………………………………………………… 81

2017 年 6 月全国饲料生产形势分析 ……………………………………………………… 88

2017 年 7 月全国饲料生产形势分析 ……………………………………………………… 95

2017 年 8 月全国饲料生产形势分析 …………………………………………………… 102

2017 年 9 月全国饲料生产形势分析 …………………………………………………… 109

2017 年 10 月全国饲料生产形势分析 ………………………………………………… 116

2017 年 11 月全国饲料生产形势分析 ………………………………………………… 123

2017 年 12 月全国饲料生产形势分析 ………………………………………………… 130

# 第一部分　2017 年饲料生产统计

# 2017 年饲料工业运行情况分析[*]

2017 年是深入推进农业供给侧结构性改革之年，饲料行业紧紧围绕推进农业供给侧结构性改革主线，以提质增效、结构调整、科技创新为突破点，着力打造新业态、拓宽新渠道，加快推进饲料工业转型升级，加快饲料工业现代化建设，巩固发展饲料经济形势并取得较好的成绩。2017 年饲料产量、产值再创新高，添加剂和单一饲料稳定增长，优质企业主导产业发展的特点明显。

## 一、饲料加工业产品统计情况

1. 商品饲料总产量反弹性增长。截至 2017 年 12 月 31 日，全国共有 11 426 家饲料和饲料添加剂生产企业，配合饲料、浓缩饲料和精料补充料生产企业 7 492 家，添加剂预混合饲料生产企业 2 349 家，饲料添加剂和混合型饲料添加剂生产企业 1 785 家，单一饲料生产企业 2 086 家。2017 年全国商品饲料总产量 22 161.2 万吨，同比增长 5.9%。其中，配合饲料产量 19 618.6 万吨，同比增长 6.7%；浓缩饲料产量 1 853.7 万吨，同比增长 1.2%；添加剂预混合饲料产量 688.9 万吨，同比下降 0.3%。

2. 饲料工业产值和营业收入突破 8 000 亿元。2017 年，全国饲料工业总产值和总营业收入分别为 8 393.5 亿元、8 194.6 亿元，同比分别增长 4.7%、5.4%。其中，饲料产品工业总产值为 7 436.0 亿元，同比增长 2.0%；营业收入为 7 303.0 亿元，同比增长 3.0%。

饲料添加剂总产值为 899.3 亿元，同比增长 37.5%。其中，饲料添加剂产值为 814.7 亿元，同比增长 39.2%；混合型饲料添加剂产值为 84.5 亿元，同比增长 22.8%。

饲料添加剂总营业收入为 831.3 亿元，同比增长 33.5%。其中，饲料添加剂营业收入为 762.1 亿元，同比增长 36.9%；混合型饲料添加剂营业收入为 69.2 亿元，同比增长 5.1%。

饲料机械设备总产值为 58.3 亿元，同比下降 11.3%；饲料机械设备营业收入为 60.3 亿元，同比下降 8.0%。

3. 产品结构继续调整。

（1）不同品种饲料产品情况。2017 年，猪饲料产量 9 809.7 万吨，同比增

---

[*] 本文的统计数据来源于各省（自治区、直辖市）的统计数据。

长 12.4%；蛋禽饲料产量 2 931.2 万吨，同比下降 2.4%；肉禽饲料产量 6 014.5 万吨，同比增长 0.1%；水产饲料产量 2 079.8 万吨，同比增长 7.8%；反刍饲料产量 922.6 万吨，同比增长 4.9%；其他饲料产量 403.4 万吨，同比增长 10.2%。

（2）不同类别饲料产品情况。猪饲料中，配合饲料总产量 8 189.0 万吨，同比增长 14.1%；浓缩饲料总产量 1 200.6 万吨，同比增长 5.5%；添加剂预混合饲料总产量 420.0 万吨，同比增长 2.0%。

蛋禽饲料中，配合饲料总产量 2 521.2 万吨，同比下降 0.6%；浓缩饲料总产量 271.3 万吨，同比下降 14.4%；添加剂预混合饲料总产量 138.6 万吨，同比下降 8.9%。

肉禽饲料中，配合饲料总产量 5 819.5 万吨，同比增长 0.4%；浓缩饲料总产量 158.6 万吨，同比下降 6.6%；添加剂预混合饲料总产量 36.4 万吨，同比下降 14.6%。

水产饲料中，配合饲料总产量 2 048.9 万吨，同比增长 7.6%；浓缩饲料总产量 2.7 万吨，同比增长 66.5%；添加剂预混合饲料总产量 28.2 万吨，同比增长 16.0%。

反刍饲料中，精料补充料总产量 679.2 万吨，同比增长 3.3%；浓缩饲料总产量 200.0 万吨，同比增长 9.1%；添加剂预混合饲料总产量 43.4 万吨，同比增长 11.1%。

其他饲料中，配合饲料总产量 360.7 万吨，同比增长 11.6%；浓缩饲料总产量 20.4 万吨，同比下降 8.5%；添加剂预混合饲料总产量 22.3 万吨，同比增长 8.3%。

（3）细分品种饲料产品情况。仔猪饲料产量 4 453.8 万吨，同比增长 17.0%；母猪饲料产量 2 193.3 万吨，同比增长 65.6%。蛋鸡饲料产量 1 853.9 万吨，同比下降 2.9%；蛋鸭饲料产量 759.9 万吨，同比增长 2.0%；肉鸡饲料产量 3 409.8 万吨，同比下降 1.2%；肉鸭饲料产量 1 753.1 万吨，同比下降 5.1%。淡水饲料产量 1 811.7 万吨，同比增长 8.4%；海水饲料产量 268.2 万吨，同比增长 3.6%。

仔猪饲料中，配合饲料总产量 3 788.9 万吨，同比增长 18.7%；浓缩饲料总产量 520.0 万吨，同比增长 8.0%；添加剂预混合饲料总产量 144.9 万吨，同比增长 10.1%。

母猪饲料中，配合饲料总产量 1 895.8 万吨，同比增长 73.4%；浓缩饲料总产量 164.3 万吨，同比增长 9.3%；添加剂预混合饲料总产量 133.2 万吨，同比增长 65.9%。

蛋鸡饲料中，配合饲料总产量1 571.2万吨，同比增长0.1%；浓缩饲料总产量174.7万吨，同比下降21.0%；添加剂预混合饲料总产量108.0万吨，同比下降9.1%。

蛋鸭饲料中，配合饲料总产量742.6万吨，同比增长0.8%；浓缩饲料总产量12.3万吨，同比增长236.7%；添加剂预混合饲料总产量5.0万吨，同比下降0.5%。

肉鸡饲料中，配合饲料总产量3 297.6万吨，同比下降1.0%；浓缩饲料总产量90.4万吨，同比下降5.4%；添加剂预混合饲料总产量21.8万吨，同比下降13.5%。

肉鸭饲料中，配合饲料总产量1 746.0万吨，同比下降5.0%；浓缩饲料总产量1.7万吨，同比下降25.1%；添加剂预混合饲料总产量5.4万吨，同比下降16.7%。

淡水饲料中，配合饲料总产量1 786.2万吨，同比增长8.2%；浓缩饲料总产量2.5万吨，同比增长62.0%；添加剂预混合饲料总产量23.0万吨，同比增长18.0%。

海水饲料中，配合饲料总产量262.7万吨，同比增长3.5%；浓缩饲料总产量0.3万吨，同比增长119.9%；添加剂预混合饲料总产量5.2万吨，同比增长7.9%。

4. 产业区域集中度进一步提高。2017年，饲料产量过千万吨省（自治区）10个，较2016年增加1个，新增地区为江西省。10个省（自治区）饲料总产量为15 424万吨，占全国总产量的69.6%，较2016年增长0.5个百分点（表1、图1）。

**表1　2017年饲料产量过千万吨省（自治区）**

单位：万吨

| 地　区 | 饲料总产量 | | |
| --- | --- | --- | --- |
| | 2016年 | 2017年 | 同比 |
| 全国总计 | 20 918 | 22 161 | 6.0% |
| 10个省（自治区）小计 | 14 450 | 15 424 | 6.7% |
| 10个省（自治区）占全国比重 | 69.1% | 69.6% | — |
| 广东 | 2 825 | 2 951 | 4.5% |
| 山东 | 2 587 | 2 939 | 13.6% |
| 广西 | 1 216 | 1 346 | 10.7% |

(续)

| 地　区 | 饲料总产量 | | |
| --- | --- | --- | --- |
| | 2016 年 | 2017 年 | 同比 |
| 河北 | 1 342 | 1 345 | 0.2% |
| 湖南 | 1 173 | 1 241 | 5.8% |
| 江苏 | 1 123 | 1 237 | 10.1% |
| 辽宁 | 1 074 | 1 193 | 11.1% |
| 四川 | 1 070 | 1 105 | 3.3% |
| 河南 | 1 137 | 1 061 | −6.7% |
| 江西 | 902 | 1 005 | 11.4% |

图 1　2016—2017 年 10 个省（自治区）饲料总产量（万吨）

## 二、2017 年商品饲料增长原因分析

我国饲料产量自 2013 年首次下降 0.6 个百分点之后，2014 年、2015 年分别增长 2.0%、1.4%，2016 年、2017 年分别增长 4.5%、5.9%（图 2）。2017 年的增长超出了之前判断行业温和渐进增长的预期。

在 2013 年饲料行业已经渐进饱和的产业大背景下，以及 2017 年国家统计局公布的肉、蛋、奶和畜禽存栏量没有太大增长的情况下，饲料产量近 6 个百分点的增长高于近几年的发展速度和行业普遍对饲料产量增长逻辑判断，主要基于以下因素。

1. 养殖市场存量推动性增长。2017 年猪饲料产量 9 809.7 万吨，蛋禽饲料产量 2 931.2 万吨，肉禽饲料产量 6 014.5 万吨，水产饲料产量 2 079.8 万吨，反刍饲料产量 922.6 万吨，其他饲料产量 403.4 万吨。从饲料品种结构上

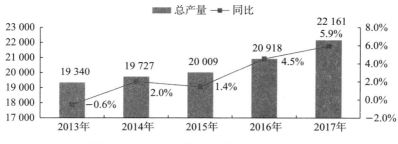

图 2　2013—2017 年饲料产量变化（万吨）

看，猪、禽饲料占饲料总产量的比重为 85%，猪饲料 2013 年、2017 年占饲料总产量的比重分别为 43.5%、44.3%，2017 年饲料增长 5.9 个百分点中，猪饲料的贡献率为 87%。

2017 年国家统计局公布数据，全国猪肉产量 5 340 万吨，同比增长 0.8%，净增长 40.9 万吨，折合需求猪配合饲料约 143 万吨。2017 年年末，生猪出栏 68 861 万头，同比增长 0.5%，净增长 359 万头，折合猪配合饲料需求量约 120 万吨，养殖存量的增长推动饲料增长。

2017 年，蛋禽养殖产能深度调整、前期产品价格大幅下滑、养殖效益收缩甚至亏损 3 个因素叠加导致蛋禽饲料产量大幅下降。蛋禽配合饲料、浓缩饲料、添加剂预混合饲料总产量同比分别下降 0.6%、14.4%、8.9%。

肉禽饲料受 H7N9 流感疫情、市场因素影响，致使 2017 年肉禽养殖经历两次结构调整，产能缩减。肉禽饲料同比持平略涨实质上是结构性增长，仅配合饲料增长 0.4%，浓缩饲料、添加剂预混合饲料分别下降 6.6%、14.6%。

反刍饲料受益于牛羊肉消费需求快速增长，水产饲料增长源于水产养殖模式的变化和部分水产品行情的利好因素。

2. 产品结构变化调整性增长。从产品结构上看，配合饲料是产量增长的主体，同时也出现产品逆势调整的结构性变化。2017 年，配合饲料产量 19 618.6 万吨，同比增长 6.7%；浓缩饲料产量 1 853.7 万吨，同比增长 1.2%；添加剂预混合饲料产量 688.9 万吨，同比下降 0.3%（表 2）。

配合饲料占饲料总产量的比重由 2013 年的 84.3% 提高到 2017 年的 88.5%。浓缩饲料自 2010 年以来连续 6 年下降，累计降幅达 30.8%。2017 年呈现新变化，浓缩饲料小幅增长，添加剂预混合饲料微降。一增一减基本持平抵消（图 3）。

表 2　2017 年各品种饲料绝对增量

单位：万吨

|  | 2016 年 | 2017 年 | 绝对增量 |
|---|---|---|---|
| 总产量 | 20 917.5 | 22 161.2 | 1 243.6 |
| 配合饲料 | 18 394.5 | 19 618.6 | 1 224.1 |
| 浓缩饲料 | 1 832.4 | 1 853.7 | 21.3 |
| 添加剂预混合饲料 | 690.6 | 688.9 | −1.7 |
| 猪饲料 | 8 725.7 | 9 809.7 | 1 084.0 |
| 蛋禽饲料 | 3 004.6 | 2 931.2 | −73.4 |
| 肉禽饲料 | 6 011.3 | 6 014.5 | 3.2 |
| 水产饲料 | 1 930.0 | 2 079.8 | 149.9 |
| 反刍饲料 | 879.9 | 922.6 | 42.7 |
| 其他饲料 | 366.1 | 403.4 | 37.3 |

　　产品结构变化究其原因，主要是近两年养殖结构的变化、养殖模式的变化，特别是规模化进程加快助推配合饲料比重不断提高。饲料企业投资生猪养殖量增加，新增的"公司＋农户"养殖模式，部分省份禽标准化笼养规模大幅增加，均增加了配合饲料的需求（图 4）。浓缩饲料产量增长主要与玉米、豆粕价格以及畜产品价格下跌、养殖效益收缩有关，为短期的阶段性变化；添加剂预混合饲料除 2010 年受玉米价格高位运行小幅下降外，其他年份均呈现稳定小幅增长之势，2017 年预混合饲料产量下降，主要是受禁养区和环保不达标猪场关停的冲击以及 2017 年 9 月起的维生素、微量元素等部分饲料添加剂价格大幅上涨所致（图 5、图 6、图 7）。

图 3　产品类别结构变化比较

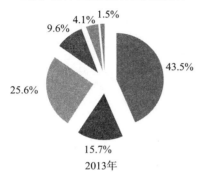

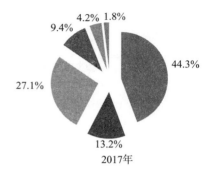

图 4 产品品种结构变化比较

图 5 近年配合饲料产量（万吨）

图 6 近年浓缩饲料产量（万吨）

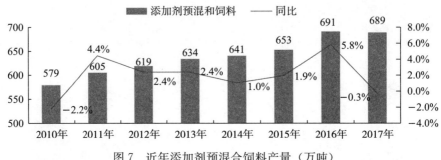

图 7　近年添加剂预混合饲料产量（万吨）

3. 集中度提高区域带动性增长。2017 年，21 个省份饲料产量同比增长、2 个省份持平、7 个省份下降。饲料产量过千万吨省份由 2016 年的 9 个增加至10 个，占全国总产量的 69.6%，相当于全国 70% 的产量集中在这 10 个省份。2016 年饲料总产量 20 918 万吨，2017 年饲料总产量 22 161 万吨，净增长量为1 244 万吨，主要集中在山东、广西、广东、湖北、辽宁、江苏、江西 7 个省（自治区），7 个省（自治区）增长量 1 065 万吨，占全国增量的 86%（表 3）。除湖北外，其他 6 个省（自治区）均是产量过千万吨的省份。

表 3　2017 年饲料总产量增长较大的 7 个省（自治区）

单位：万吨

| 省（自治区） | 饲料总产量 | | | |
| --- | --- | --- | --- | --- |
| | 2016 年 | 2017 年 | 增长量 | 增幅 |
| 山东 | 2 587 | 2 939 | 352 | 13.6% |
| 广西 | 1 216 | 1 346 | 130 | 10.7% |
| 广东 | 2 825 | 2 951 | 126 | 4.5% |
| 湖北 | 876 | 997 | 121 | 13.8% |
| 辽宁 | 1 074 | 1 193 | 119 | 11.1% |
| 江苏 | 1 123 | 1 237 | 114 | 10.1% |
| 江西 | 902 | 1 005 | 103 | 11.4% |
| 合计 | 10 604 | 11 669 | 1 065 | 10.0% |

4. 产业内部结构变化替代性增长。表现在企业（集团）一体化扩张、散养户退出、规模优势凸显、工业化饲料使用比例提高等方面，部分饲料企业（集团）一直保持着大幅增长。

从 2017 年年产 50 万吨以上企业（集团）产量同比增长情况看，3 家企业

（集团）产量过千万吨，产量同比增长 6.8%；年产 500 万～1 000 万吨的企业（集团），产量同比增长 16.9%；年产 200 万～500 万吨，同比增长 12.1%；年产 100 万～200 万吨，同比增长 3.4%；年产 50 万～100 万吨，同比下降 3.4%。

通过对 2016 年、2017 年 6 469 家企业比较，在 2017 年总量增长大的背景下，企业间存在较大落差，实际仅 55% 的企业增长，45% 的企业下降。大幅增长的企业和大幅下降的企业并存，这反映了产业内部结构性变化和此消彼长的替代性增长的存在，总体情况是规模优势企业主导产业发展（表 4）。

**表 4　2016—2017 年不同规模企业饲料生产情况**

| 规模水平 | 企业数量（个） | 2016 年（万吨） | 2017 年（万吨） | 同比 | 占总产量比重 |
|---|---|---|---|---|---|
| 年产 30 万吨以上 | 33 | 1 519 | 1 733 | 14.1% | 8.3% |
| 年产 10 万～30 万吨 | 515 | 7 348 | 7 917 | 7.7% | 38.0% |
| 年产 5 万～10 万吨 | 760 | 4 924 | 5 327 | 8.2% | 25.6% |
| 年产 1 万～5 万吨 | 2 016 | 4 784 | 4 860 | 1.6% | 23.4% |
| 年产 1 万吨以下 | 3 145 | 1 241 | 969 | −21.9% | 4.7% |
| 合计 | 6 469 | 19 815 | 20 807 | 5.0% | 100.0% |

5. 产业模式变革的助推和前期产能释放性增长。近两年，饲料业、养殖业相互渗透、融合发展，大型企业前期投资布局的产能呈现释放性增长。2017年，年产百万吨以上的 35 家饲料企业（集团）产量达 1.3 亿吨，占全国总产量的比重为 62%，同比平均增长 9.4%。其中，31 家涉及养殖领域。再如，山东省 18 家饲料龙头企业 2017 年生猪出栏 971.3 万头，同比增长达 147%，湖北省新增饲料企业产能多而且进入释放期，2016 年、2017 年分别新投产 18家、33 家，新增产能累计突破 600 万吨。

同时，养殖企业也在纷纷自建饲料厂。还有，由于人工、物价等生产成本上涨，生猪养殖场自配料设备老旧，逐步淘汰，也改为直接购买商品饲料。总之，伴随着畜禽规模养殖场拆迁，标准化养殖大幅度提升，养殖场自配料趋于萎缩，工业饲料生产量、消费量持续增加。

此外，产业一体化发展和经营模式的变革不断助推商品饲料的增长。比如全产业链的探索，饲料企业＋养殖场（户）的不断扩展，饲料企业与养殖企业"厂场对接"散装料的推广，代加工和定制，大型企业通过赊销饲料与养殖场（户）进行战略合作等模式推进产业融合发展步伐，加速商品饲料对自配饲料替代。

6. 较好的盈利助推猪配合饲料增长。一是生猪行情好，养殖户使用猪配合饲料的比例和投喂量增加。二是因禽饲料亏本，产业结构调整。如山东部分禽饲料厂因 2017 年上半年禽饲料亏本，而生猪养殖行情好，转向生产猪饲料。三是猪价持续高位运行，普遍延迟大猪出栏体重，增加饲料需求。四是消费升级产业转型拉动需求增长。养殖企业迎合高端市场需求，大力发展品牌猪生产。

7. 其他因素。一是新投产企业和新增养殖产能的释放。如 2016 年年底新投产企业，2017 年步入正常生产，饲料同比增幅较高。二是玉米补贴政策扩大新产玉米的就地加工转化能力，如吉林省 2017 年新增玉米消耗量 60 万吨，辽宁省也受益于玉米补贴政策。三是统计因素。2017 年企业上报率有所提高，数据完整性不断加强。四是禁养限养政策导致部分区域产量下降。福建、浙江、北京等 7 个省（自治区、直辖市）猪饲料产量下降，主要是在环保压力下，全面关闭拆除禁养区内生猪养殖场（户），生猪产能下降。如福建省全年生猪出栏 1 610 万头，同比下降 6.4%。浙江省第三季度末生猪饲养量 1 316.38 万头，同比下降 15.3%。北京市饲料企业停产、关闭数量增加。

### 三、饲料添加剂、饲料原料统计情况

1. 饲料添加剂产量稳定增长。2017 年，饲料添加剂产品总产量 1 034.6 万吨，同比增长 6.0%。其中，饲料添加剂 983.2 万吨，同比增长 6.6%；混合型饲料添加剂 51.4 万吨，同比下降 4.2%。

氨基酸：2017 年总产量 234.8 万吨，同比增长 16.4%。饲料添加剂中氨基酸产量 233.7 万吨，同比增长 16.6%；混合型饲料添加剂中氨基酸产量 1.1 万吨，同比下降 18.7%。单体氨基酸中，赖氨酸产量 137.3 万吨（含 65% 赖氨酸），同比增长 22.9%；蛋氨酸产量 24.8 万吨，同比增长 15.3%；苏氨酸产量 57.4 万吨，同比增长 9.2%；色氨酸产量 1.0 万吨，同比下降 34.8%。

维生素：2017 年总产量 127.3 万吨，同比增长 12.6%。饲料添加剂中维生素产量 115.7 万吨，同比增长 20.7%；混合型饲料添加剂中维生素产量 11.6 万吨，同比下降 32.6%。单体维生素中，氯化胆碱产量 61.9 万吨，同比下降 0.5%；维生素 A 产量 1.5 万吨，同比增长 59.2%；维生素 E 产量 11.3 万吨，同比增长 25.5%；维生素 $B_{12}$ 产量 702 吨，同比增长 11 595.0%；维生素 $B_2$ 产量 2 961 吨，同比下降 56.4%；维生素 C 产量 3.0 万吨，同比下降 45.0%。

矿物元素及其络合物：2017 年总产量 498.4 万吨，同比下降 0.4%。饲料添加剂中矿物元素及其络合物产量 491.4 万吨，同比下降 1.1%；混合型饲料添加剂中矿物元素及其络合物产量 7.0 万吨，同比增长 83.8%。单体矿物元素及其络合物中，硫酸铜产量 1.4 万吨，同比下降 21.0%；硫酸亚铁产量 9.5 万吨，同比下降 46.7%；硫酸锌产量 12.7 万吨，同比下降 13.2%；硫酸锰产量 11.8 万吨，同比增长 5.5%；磷酸氢钙（含磷酸二氢钙）产量 315.0 万吨，同比下降 11.1%。

酶制剂：2017 年总产量 10.7 万吨，同比下降 8.1%。饲料添加剂中酶制剂产量 6.0 万吨，同比增长 16.2%；混合型饲料添加剂中酶制剂产量 4.6 万吨，同比下降 27.7%。

抗氧化剂：2017 年总产量 6.9 万吨，同比增长 38.2%。饲料添加剂中抗氧化剂产量 4.5 万吨，同比增长 67.0%；混合型饲料添加剂中抗氧化剂产量 2.4 万吨，同比增长 4.0%。

防腐剂、防霉剂：2017 年总产量 10.6 万吨，同比下降 32.6%。饲料添加剂中防腐剂、防霉剂产量 5.9 万吨，同比下降 41.1%；混合型饲料添加剂中防腐剂、防霉剂产量 4.7 万吨，同比下降 17.6%。

微生物：2017 年总产量 10.7 万吨，同比下降 6.3%。饲料添加剂中微生物产量 4.9 万吨，同比下降 23.8%；混合型饲料添加剂中微生物产量 5.7 万吨，同比增长 16.6%。

其他类添加剂：2017 年总产量 135.2 万吨，同比增长 15.8%。饲料添加剂中其他类添加剂产量 121.1 万吨，同比增长 15.3%；混合型饲料添加剂中其他类添加剂产量 14.1 万吨，同比增长 19.6%。

2. 大宗饲料原料消费总量增长。2017 年，部分大宗原料消费总量 19 633.5 万吨，同比增长 2.5%。其中，玉米消费量 10 181.7 万吨，同比下降 3.0%；小麦消费量 1 378.7 万吨，同比增长 25.2%；鱼粉消费量 230.7 万吨，同比增长 24.4%；豆粕消费量 4 135.6 万吨，同比增长 9.4%；棉籽粕消费量 366.9 万吨，同比增长 3.5%；菜籽粕消费量 414.6 万吨，同比下降 7.4%；其他饼粕消费量 424.3 万吨，同比下降 13.8%；磷酸氢钙消费量 504.3 万吨，同比增长 106.8%；其他消费量 1 996.5 万吨，同比下降 2.5%。

3. 单一饲料产品结构稳中调整。2017 年，单一饲料总产量 8 046.5 万吨，同比增长 0.3%。2017 年，全国单一饲料总产值和营业收入分别为 15 827.6 亿元、13 836.4 亿元。

（1）谷物及其加工产品。2017 年总产量 990.2 万吨，同比增长 10.6%。其中，喷浆玉米皮产量 368.6 万吨，同比增长 5.1%；玉米蛋白粉产量 209.1

万吨，同比增长 17.4%；酒糟类产品（含干白酒糟、干黄酒糟、干啤酒糟、干酒精糟、干酒精糟可溶物、干全酒糟）产量 400.4 万吨，同比增长 12.9%。

（2）油料籽实及其加工产品。2017 年产量 6 685.1 万吨，同比增长 0.7%。其中，豆粕产量 5 736.2 万吨，同比增长 4.3%，占油料籽实及其加工产品总产量的 85.8%；膨化豆粕产量 384.4 万吨，同比下降 31.3%；菜粕类产品（含菜粕、双低菜粕）产量 330.8 万吨，同比增长 15.5%；棉粕产量 103.5 万吨，同比下降 21.0%；花生仁粕产量 87.2 万吨，同比增长 9.9%。

（3）豆科作物籽实及其加工产品。2017 年产量 2 045 吨，同比下降 10.4%。

（4）块茎、块根及其加工产品。2017 年产量 0 吨，同比持平。

（5）其他植物、藻类及其加工产品。2017 年产量 7 833.7 吨，同比增长 34.3%。

（6）陆生动物产品及其副产品。2017 年产量 156.4 万吨，同比下降 1.4%。其中，油产量 57.5 万吨，同比下降 14.2%；肉粉产量 20.6 万吨，同比增长 19.6%。

（7）鱼、其他水生生物及其副产品。2017 年产量 61.2 万吨，同比下降 23.5%。其中，鱼粉产量 47.4 万吨，同比下降 24.8%。

（8）微生物发酵产品及副产品。2017 年产量 113.5 万吨，同比增长 22.8%。其中，发酵豆粕产量 39.4 万吨，同比增长 48.5%。

（9）其他类单一饲料。2017 年产量 39.0 万吨，同比下降 75.0%。

### 四、饲料机械及饲料进出口统计情况

1. 成套机组大型饲料机械设备生产总量下降。2017 年，饲料加工机械设备生产总量 25 689 台（套），同比减少 1 399 台（套），下降 5.2%。其中，成套机组 1 389 台（套），同比增加 30 台（套），增长 2.2%；单机 24 300 台，同比减少 1 429 台，下降 5.6%。

在成套机组中，时产≥10 吨的设备 1 041 台（套），同比增加 12 台（套），增长 1.2%；时产<10 吨的设备 348 台（套），同比增加 18 台（套），增长 5.5%。

在单机设备中，粉碎机 8 127 台，同比减少 192 台，下降 2.3%；混合机 6 599 台，同比增加 78 台，增长 1.2%；制粒机 3 672 台，同比减少 2 506 台，下降 40.6%；单机其他 5 902 台，增加 1 191 台，增长 25.3%。

2. 饲料产品和饲料机械出口增长。饲料产品出口量 9.9 万吨，同比增长 5.2%；饲料添加剂出口量 148.1 万吨，同比增长 10.4%；单一饲料出口量

40.7 万吨，同比增长 24.7%；饲料机械出口量 1.3 万台（套），同比下降 2.4%。饲料产品、饲料添加剂出口量占总产量的比重分别为 0.04%、14.3%，饲料机械占总产量的比重为 50.6%。

饲料产品出口额 12.0 万元，同比增长 102.4%；饲料添加剂出口额 186.1 万元，同比增长 51.2%；单一饲料出口额 9.8 万元，同比增长 9.7%；饲料机械出口额 15.2 万元，同比增长 1.8%。

### 五、饲料行业从业人数略有下降

2017 年，饲料企业年末职工人数为 46.8 万人，同比下降 1.8%。大专以上学历的职工人数为 19.1 万人，占职工总人数的 40.8%。其中，博士 1 871 人，同比下降 1.1%；硕士 9 018 人，同比下降 1.4%；大学本科 69 862 人，同比增长 0.8%；大学专科 110 213 人，同比增长 2.7%。其他学历 276 542 人，同比下降 4.1%（表 5）。技术工种 35 203 人，同比下降 3.3%。其中，检验员、化验员 20 740 人，同比下降 5.7%；维修工 14 463 人，同比增长 0.5%（表 6）。

**表 5　饲料企业人员变化情况**

单位：人

| 项　目 | 2016 年 | 2017 年 | 同比 |
|---|---|---|---|
| 职工总人数 | 476 123 | 467 506 | −1.8% |
| 博士 | 1 892 | 1 871 | −1.1% |
| 硕士 | 9 150 | 9 018 | −1.4% |
| 大学本科 | 69 302 | 69 862 | 0.8% |
| 大学专科 | 107 343 | 110 213 | 2.7% |
| 其他 | 288 436 | 276 542 | −4.1% |

**表 6　特有工种人员变化情况**

单位：人

| 项　目 | 2016 年 | 2017 年 | 同比 |
|---|---|---|---|
| 技术工种 | 36 394 | 35 203 | −3.3% |
| 检验员、化验员 | 22 003 | 20 740 | −5.7% |
| 维修工 | 14 391 | 14 463 | 0.5% |

## 全国饲料工业总产值和营业收入情况（一）

单位：万元

| 地　　区 | 饲料工业总产值 | 饲料工业总营业收入 | 饲料产品 | |
|---|---|---|---|---|
| | | | 总产值 | 营业收入 |
| 全国总计 | 83 935 349 | 81 946 484 | 74 359 938 | 73 030 401 |
| 北　　京 | 1 335 527 | 1 103 141 | 1 281 347 | 1 050 921 |
| 天　　津 | 892 391 | 916 521 | 863 644 | 888 502 |
| 河　　北 | 4 083 576 | 4 071 949 | 3 910 039 | 3 910 041 |
| 山　　西 | 959 116 | 879 713 | 953 380 | 879 246 |
| 内　蒙　古 | 1 507 915 | 1 491 845 | 852 990 | 844 575 |
| 辽　　宁 | 3 956 070 | 3 911 162 | 3 767 716 | 3 743 986 |
| 吉　　林 | 1 391 494 | 1 391 494 | 1 146 223 | 1 146 223 |
| 黑　龙　江 | 2 141 819 | 2 032 162 | 2 050 020 | 1 942 710 |
| 上　　海 | 821 786 | 819 882 | 629 518 | 628 536 |
| 江　　苏 | 5 340 802 | 5 101 438 | 4 284 147 | 4 026 859 |
| 浙　　江 | 3 032 460 | 2 886 408 | 1 621 280 | 1 559 972 |
| 安　　徽 | 2 124 151 | 2 004 689 | 2 042 546 | 1 928 999 |
| 福　　建 | 2 856 944 | 2 841 734 | 2 745 096 | 2 734 992 |
| 江　　西 | 3 538 625 | 3 647 205 | 3 225 928 | 3 424 658 |
| 山　　东 | 11 749 940 | 11 622 193 | 9 311 890 | 9 481 334 |
| 河　　南 | 2 773 151 | 2 539 153 | 2 668 343 | 2 455 635 |
| 湖　　北 | 4 359 082 | 4 149 886 | 3 977 449 | 3 819 532 |
| 湖　　南 | 4 787 407 | 4 577 251 | 4 606 127 | 4 451 497 |
| 广　　东 | 10 413 486 | 10 270 066 | 10 182 288 | 10 019 723 |
| 海　　南 | 781 793 | 745 521 | 781 245 | 744 995 |
| 广　　西 | 4 209 051 | 4 221 530 | 4 116 229 | 4 130 256 |
| 重　　庆 | 880 618 | 927 729 | 858 423 | 907 231 |
| 四　　川 | 4 171 490 | 4 165 583 | 3 842 875 | 3 860 546 |
| 贵　　州 | 885 608 | 877 841 | 757 249 | 751 426 |
| 云　　南 | 2 222 705 | 2 111 441 | 1 810 070 | 1 719 567 |
| 陕　　西 | 997 630 | 891 355 | 989 145 | 884 414 |
| 甘　　肃 | 360 873 | 360 873 | 360 117 | 360 117 |
| 青　　海 | 25 990 | 24 966 | 25 910 | 24 904 |
| 宁　　夏 | 575 190 | 591 206 | 153 167 | 151 534 |
| 新　　疆 | 758 661 | 770 548 | 545 538 | 557 472 |

# 全国饲料工业总产值和营业收入情况（二）

单位：万元

| 地　区 | 饲料添加剂 | | 饲料机械 | |
|---|---|---|---|---|
| | 总产值 | 营业收入 | 总产值 | 营业收入 |
| 全国总计 | 8 992 545 | 8 312 625 | 582 866 | 603 458 |
| 北　京 | 54 180 | 52 220 | – | – |
| 天　津 | 28 747 | 28 018 | – | – |
| 河　北 | 167 334 | 161 671 | 6 202 | 238 |
| 山　西 | 5 736 | 466 | – | – |
| 内　蒙　古 | 654 926 | 647 270 | – | – |
| 辽　宁 | 187 654 | 166 476 | 700 | 700 |
| 吉　林 | 245 271 | 245 271 | – | – |
| 黑　龙　江 | 91 155 | 88 840 | 644 | 612 |
| 上　海 | 169 794 | 169 188 | 22 474 | 22 158 |
| 江　苏 | 522 781 | 511 396 | 533 874 | 563 183 |
| 浙　江 | 1 400 790 | 1 317 781 | 10 390 | 8 655 |
| 安　徽 | 81 605 | 75 690 | – | – |
| 福　建 | 111 847 | 106 742 | – | – |
| 江　西 | 312 697 | 222 547 | – | – |
| 山　东 | 2 437 750 | 2 140 549 | 300 | 310 |
| 河　南 | 104 808 | 83 518 | – | – |
| 湖　北 | 381 632 | 330 354 | – | – |
| 湖　南 | 176 954 | 121 604 | 4 326 | 4 150 |
| 广　东 | 231 198 | 250 343 | – | – |
| 海　南 | 548 | 526 | – | – |
| 广　西 | 92 822 | 91 274 | – | – |
| 重　庆 | 22 195 | 20 499 | – | – |
| 四　川 | 324 659 | 301 584 | 3 956 | 3 452 |
| 贵　州 | 128 358 | 126 414 | – | – |
| 云　南 | 412 635 | 391 874 | – | – |
| 陕　西 | 8 485 | 6 941 | – | – |
| 甘　肃 | 756 | 756 | – | – |
| 青　海 | 80 | 62 | – | – |
| 宁　夏 | 422 023 | 439 672 | – | – |
| 新　疆 | 213 123 | 213 077 | – | – |

## 全国饲料加工企业生产综合情况（总表）

单位：吨

| 地　　区 | 总产量 | 配合饲料 | 浓缩饲料 | 添加剂预混合饲料 |
|---|---|---|---|---|
| 全国总计 | 221 611 682 | 196 185 892 | 18 536 529 | 6 889 261 |
| 北　京 | 2 140 439 | 1 256 224 | 364 071 | 520 144 |
| 天　津 | 2 093 011 | 1 388 444 | 466 008 | 238 558 |
| 河　北 | 13 450 001 | 11 311 941 | 1 955 999 | 182 061 |
| 山　西 | 2 787 869 | 2 509 450 | 232 176 | 46 243 |
| 内 蒙 古 | 3 269 521 | 2 571 588 | 663 976 | 33 957 |
| 辽　宁 | 11 933 434 | 9 106 385 | 2 630 485 | 196 564 |
| 吉　林 | 3 880 202 | 2 978 378 | 850 101 | 51 723 |
| 黑 龙 江 | 5 555 357 | 2 171 814 | 3 067 155 | 316 388 |
| 上　海 | 1 638 897 | 1 252 969 | 149 569 | 236 359 |
| 江　苏 | 12 371 041 | 11 471 143 | 497 908 | 401 990 |
| 浙　江 | 4 248 285 | 3 990 396 | 127 117 | 130 771 |
| 安　徽 | 6 128 843 | 5 691 127 | 253 738 | 183 977 |
| 福　建 | 8 563 223 | 8 226 538 | 127 110 | 209 574 |
| 江　西 | 10 051 305 | 9 250 215 | 186 418 | 614 672 |
| 山　东 | 29 389 715 | 27 331 971 | 1 228 679 | 829 066 |
| 河　南 | 10 608 150 | 9 079 075 | 909 989 | 619 086 |
| 湖　北 | 9 967 623 | 9 488 117 | 297 930 | 181 577 |
| 湖　南 | 12 409 300 | 11 597 841 | 341 961 | 469 498 |
| 广　东 | 29 511 163 | 28 317 267 | 462 323 | 731 573 |
| 海　南 | 2 604 151 | 2 598 078 | – | 6 073 |
| 广　西 | 13 464 122 | 13 121 464 | 184 420 | 158 239 |
| 重　庆 | 2 772 811 | 2 511 895 | 254 299 | 6 617 |
| 四　川 | 11 052 351 | 10 081 572 | 675 584 | 295 194 |
| 贵　州 | 1 556 806 | 1 164 303 | 392 502 | – |
| 云　南 | 4 120 064 | 2 896 333 | 1 159 301 | 64 430 |
| 陕　西 | 2 615 025 | 1 907 344 | 612 459 | 95 223 |
| 甘　肃 | 923 384 | 721 410 | 192 112 | 9 862 |
| 青　海 | 86 096 | 81 467 | 209 | 4 419 |
| 宁　夏 | 488 126 | 355 820 | 116 550 | 15 757 |
| 新　疆 | 1 931 368 | 1 755 322 | 136 381 | 39 665 |

# 全国饲料加工企业生产综合情况（分品种）

单位：吨

| 地　　区 | 总产量 | 猪饲料 | 蛋禽饲料 | 肉禽饲料 | 水产饲料 | 反刍饲料 | 其他饲料 |
|---|---|---|---|---|---|---|---|
| 全国总计 | 221 611 682 | 98 096 808 | 29 311 632 | 60 144 903 | 20 798 379 | 9 226 100 | 4 033 860 |
| 北　　京 | 2 140 439 | 924 883 | 340 039 | 282 942 | 87 513 | 390 406 | 114 655 |
| 天　　津 | 2 093 011 | 856 558 | 176 401 | 184 711 | 394 591 | 441 815 | 38 934 |
| 河　　北 | 13 450 001 | 4 027 585 | 5 088 508 | 2 013 811 | 596 161 | 1 231 943 | 491 993 |
| 山　　西 | 2 787 869 | 760 568 | 866 297 | 1 065 061 | 300 | 71 455 | 24 189 |
| 内 蒙 古 | 3 269 521 | 499 289 | 229 622 | 261 887 | 10 702 | 2 149 518 | 118 503 |
| 辽　　宁 | 11 933 434 | 3 453 594 | 2 340 161 | 4 466 324 | 442 794 | 1 017 425 | 213 136 |
| 吉　　林 | 3 880 202 | 1 460 167 | 1 220 628 | 744 606 | 21 250 | 359 930 | 73 621 |
| 黑 龙 江 | 5 555 357 | 2 191 227 | 1 409 484 | 720 569 | 144 173 | 801 803 | 288 103 |
| 上　　海 | 1 638 897 | 626 344 | 459 360 | 328 803 | 80 833 | 107 190 | 36 368 |
| 江　　苏 | 12 371 041 | 4 083 074 | 1 495 089 | 3 161 154 | 3 246 972 | 199 420 | 185 331 |
| 浙　　江 | 4 248 285 | 1 683 989 | 513 722 | 827 250 | 1 085 898 | 60 959 | 76 467 |
| 安　　徽 | 6 128 843 | 2 007 334 | 847 134 | 2 826 451 | 276 889 | 42 973 | 128 061 |
| 福　　建 | 8 563 223 | 3 640 446 | 905 552 | 2 518 579 | 1 379 105 | 7 | 119 534 |
| 江　　西 | 10 051 305 | 7 670 009 | 762 452 | 1 022 298 | 559 867 | 184 | 36 496 |
| 山　　东 | 29 389 715 | 8 184 388 | 2 856 035 | 16 325 222 | 453 693 | 619 722 | 950 654 |
| 河　　南 | 10 608 150 | 5 832 237 | 1 076 626 | 2 523 845 | 446 757 | 207 298 | 521 387 |
| 湖　　北 | 9 967 623 | 3 878 822 | 1 972 118 | 1 735 271 | 2 355 775 | 13 256 | 12 381 |
| 湖　　南 | 12 409 300 | 9 048 903 | 1 020 328 | 876 699 | 1 434 225 | 3 819 | 25 326 |
| 广　　东 | 29 511 163 | 13 970 882 | 1 806 098 | 8 305 246 | 5 171 042 | 38 491 | 219 404 |
| 海　　南 | 2 604 151 | 1 159 209 | 150 439 | 948 816 | 345 687 | - | - |
| 广　　西 | 13 464 122 | 7 393 576 | 643 598 | 4 772 405 | 653 528 | 850 | 165 |
| 重　　庆 | 2 772 811 | 1 756 150 | 325 594 | 445 731 | 193 130 | 9 758 | 42 449 |
| 四　　川 | 11 052 351 | 7 377 296 | 1 001 175 | 1 693 503 | 676 644 | 113 831 | 189 901 |
| 贵　　州 | 1 556 806 | 1 082 919 | 164 233 | 185 997 | 54 830 | 48 035 | 20 792 |
| 云　　南 | 4 120 064 | 2 149 269 | 372 990 | 1 049 748 | 468 729 | 66 297 | 13 031 |
| 陕　　西 | 2 615 025 | 1 406 297 | 646 321 | 281 708 | 50 544 | 219 881 | 10 273 |
| 甘　　肃 | 923 384 | 390 444 | 100 908 | 142 161 | 10 697 | 217 407 | 61 767 |
| 青　　海 | 86 096 | 9 319 | 228 | - | - | 76 549 | - |
| 宁　　夏 | 488 126 | 107 199 | 58 182 | 40 210 | 41 982 | 235 956 | 4 597 |
| 新　　疆 | 1 931 368 | 464 832 | 462 310 | 393 893 | 114 068 | 479 923 | 16 342 |

# 全国配合饲料加工企业生产情况（一）

单位：吨、％

| 地　区 | 猪饲料 | 比重 | 蛋禽饲料 | 比重 | 肉禽饲料 | 比重 |
|---|---|---|---|---|---|---|
| 全国总计 | **81 890 276** | **41.7** | **25 212 371** | **12.9** | **58 194 880** | **29.7** |
| 北　京 | 375 815 | 29.9 | 148 521 | 11.8 | 273 442 | 21.8 |
| 天　津 | 373 575 | 26.9 | 85 810 | 6.2 | 180 062 | 13.0 |
| 河　北 | 2 927 947 | 25.9 | 4 532 744 | 40.1 | 1 965 197 | 17.4 |
| 山　西 | 634 698 | 25.3 | 741 348 | 29.5 | 1 057 449 | 42.1 |
| 内　蒙　古 | 361 290 | 14.0 | 176 623 | 6.9 | 235 069 | 9.1 |
| 辽　宁 | 2 219 051 | 24.4 | 1 657 801 | 18.2 | 3 922 916 | 43.1 |
| 吉　林 | 969 453 | 32.5 | 1 104 755 | 37.1 | 578 642 | 19.4 |
| 黑　龙　江 | 784 710 | 36.1 | 564 329 | 26.0 | 35 150 | 1.6 |
| 上　海 | 357 439 | 28.5 | 410 096 | 32.7 | 319 926 | 25.5 |
| 江　苏 | 3 398 253 | 29.6 | 1 366 928 | 11.9 | 3 134 747 | 27.3 |
| 浙　江 | 1 456 267 | 36.5 | 503 091 | 12.6 | 822 110 | 20.6 |
| 安　徽 | 1 637 760 | 28.8 | 822 383 | 14.5 | 2 804 372 | 49.3 |
| 福　建 | 3 339 199 | 40.6 | 897 034 | 10.9 | 2 507 042 | 30.5 |
| 江　西 | 6 894 936 | 74.5 | 757 419 | 8.2 | 1 017 455 | 11.0 |
| 山　东 | 6 781 138 | 24.8 | 2 440 274 | 8.9 | 16 281 358 | 59.6 |
| 河　南 | 4 537 797 | 50.0 | 894 154 | 9.8 | 2 497 676 | 27.5 |
| 湖　北 | 3 494 874 | 36.8 | 1 905 917 | 20.1 | 1 719 789 | 18.1 |
| 湖　南 | 8 282 933 | 71.4 | 989 335 | 8.5 | 866 966 | 7.5 |
| 广　东 | 13 047 301 | 46.1 | 1 770 699 | 6.3 | 8 260 863 | 29.2 |
| 海　南 | 1 153 136 | 44.4 | 150 439 | 5.8 | 948 816 | 36.5 |
| 广　西 | 7 125 302 | 54.3 | 636 469 | 4.9 | 4 711 041 | 35.9 |
| 重　庆 | 1 529 094 | 60.9 | 294 748 | 11.7 | 445 045 | 17.7 |
| 四　川 | 6 553 298 | 65.0 | 963 566 | 9.6 | 1 673 039 | 16.6 |
| 贵　州 | 712 116 | 61.2 | 162 426 | 14.0 | 181 206 | 15.6 |
| 云　南 | 1 041 290 | 36.0 | 335 558 | 11.6 | 994 749 | 34.3 |
| 陕　西 | 1 145 608 | 60.1 | 344 456 | 18.1 | 224 715 | 11.8 |
| 甘　肃 | 314 389 | 43.6 | 82 124 | 11.4 | 127 425 | 17.7 |
| 青　海 | 8 758 | 10.8 | 228 | 0.3 | – | – |
| 宁　夏 | 58 182 | 16.4 | 48 009 | 13.5 | 27 974 | 7.9 |
| 新　疆 | 374 667 | 21.3 | 425 086 | 24.2 | 380 637 | 21.7 |

## 全国配合饲料加工企业生产情况（二）

单位：吨、%

| 地　区 | 水产饲料 | 比重 | 精料补充料 | 比重 | 其他饲料 | 比重 |
|---|---|---|---|---|---|---|
| 全国总计 | 20 489 196 | 10.4 | 6 792 110 | 3.5 | 3 607 060 | 1.8 |
| 北　京 | 77 002 | 6.1 | 287 320 | 22.9 | 94 124 | 7.5 |
| 天　津 | 391 636 | 28.2 | 324 434 | 23.4 | 32 927 | 2.4 |
| 河　北 | 593 709 | 5.2 | 849 481 | 7.5 | 442 862 | 3.9 |
| 山　西 | 300 | 0.01 | 52 316 | 2.1 | 23 339 | 0.9 |
| 内 蒙 古 | 10 702 | 0.4 | 1 687 499 | 65.6 | 100 404 | 3.9 |
| 辽　宁 | 423 559 | 4.7 | 704 532 | 7.7 | 178 527 | 2.0 |
| 吉　林 | 18 357 | 0.6 | 237 028 | 8.0 | 70 144 | 2.4 |
| 黑 龙 江 | 143 488 | 6.6 | 429 410 | 19.8 | 214 729 | 9.9 |
| 上　海 | 79 517 | 6.3 | 80 755 | 6.4 | 5 235 | 0.4 |
| 江　苏 | 3 232 878 | 28.2 | 155 047 | 1.4 | 183 289 | 1.6 |
| 浙　江 | 1 074 451 | 26.9 | 60 842 | 1.5 | 73 635 | 1.8 |
| 安　徽 | 274 987 | 4.8 | 36 260 | 0.6 | 115 365 | 2.0 |
| 福　建 | 1 365 405 | 16.6 | – | – | 117 859 | 1.4 |
| 江　西 | 558 016 | 6.0 | 151 | 0.002 | 22 238 | 0.2 |
| 山　东 | 447 090 | 1.6 | 489 492 | 1.8 | 892 620 | 3.3 |
| 河　南 | 445 473 | 4.9 | 188 142 | 2.1 | 515 832 | 5.7 |
| 湖　北 | 2 344 513 | 24.7 | 12 334 | 0.1 | 10 689 | 0.1 |
| 湖　南 | 1 432 939 | 12.4 | 817 | 0.01 | 24 851 | 0.2 |
| 广　东 | 5 025 540 | 17.7 | 37 860 | 0.1 | 175 003 | 0.6 |
| 海　南 | 345 687 | 13.3 | – | – | – | – |
| 广　西 | 647 638 | 4.9 | 850 | 0.01 | 165 | 0.001 |
| 重　庆 | 193 082 | 7.7 | 7 483 | 0.3 | 42 444 | 1.7 |
| 四　川 | 626 922 | 6.2 | 81 713 | 0.8 | 183 036 | 1.8 |
| 贵　州 | 54 830 | 4.7 | 41 587 | 3.6 | 12 138 | 1.0 |
| 云　南 | 467 453 | 16.1 | 48 984 | 1.7 | 8 299 | 0.3 |
| 陕　西 | 48 762 | 2.6 | 137 649 | 7.2 | 6 154 | 0.3 |
| 甘　肃 | 10 697 | 1.5 | 141 352 | 19.6 | 45 423 | 6.3 |
| 青　海 | – | – | 72 482 | 89.0 | – | – |
| 宁　夏 | 41 520 | 11.7 | 177 291 | 49.8 | 2 844 | 0.8 |
| 新　疆 | 113 046 | 6.4 | 449 001 | 25.6 | 12 885 | 0.7 |

# 全国浓缩饲料加工企业生产情况（一）

单位：吨、%

| 地　　区 | 猪饲料 | 比重 | 蛋禽饲料 | 比重 | 肉禽饲料 | 比重 |
|---|---|---|---|---|---|---|
| 全国总计 | 12 006 336 | 64.8 | 2 712 915 | 14.6 | 1 585 734 | 8.6 |
| 北　　京 | 311 175 | 85.5 | 19 782 | 5.4 | 1 | 0.000 3 |
| 天　　津 | 372 165 | 79.9 | 12 524 | 2.7 | 560 | 0.1 |
| 河　　北 | 1 048 188 | 53.6 | 517 363 | 26.5 | 41 716 | 2.1 |
| 山　　西 | 100 517 | 43.3 | 111 927 | 48.2 | 1 655 | 0.7 |
| 内 蒙 古 | 128 693 | 19.4 | 52 581 | 7.9 | 26 798 | 4.0 |
| 辽　　宁 | 1 158 828 | 44.1 | 617 173 | 23.5 | 515 191 | 19.6 |
| 吉　　林 | 475 519 | 55.9 | 102 472 | 12.1 | 155 188 | 18.3 |
| 黑 龙 江 | 1 265 282 | 41.3 | 773 861 | 25.2 | 633 182 | 20.6 |
| 上　　海 | 139 169 | 93.0 | 89 | 0.1 | 257 | 0.2 |
| 江　　苏 | 481 523 | 96.7 | 3 928 | 0.8 | 1 171 | 0.2 |
| 浙　　江 | 127 111 | 100.0 | 6 | 0.005 | – | – |
| 安　　徽 | 238 592 | 94.0 | 2 816 | 1.1 | 1 674 | 0.7 |
| 福　　建 | 126 011 | 99.1 | 68 | 0.1 | 142 | 0.1 |
| 江　　西 | 174 426 | 93.6 | 65 | 0.03 | 30 | 0.02 |
| 山　　东 | 1 104 895 | 89.9 | 48 889 | 4.0 | 6 052 | 0.5 |
| 河　　南 | 796 999 | 87.6 | 77 617 | 8.5 | 16 161 | 1.8 |
| 湖　　北 | 281 910 | 94.6 | 3 184 | 1.1 | 10 210 | 3.4 |
| 湖　　南 | 340 857 | 99.7 | 500 | 0.1 | 290 | 0.1 |
| 广　　东 | 434 016 | 93.9 | 890 | 0.2 | 5 561 | 1.2 |
| 海　　南 | – | – | – | – | – | – |
| 广　　西 | 162 263 | 88.0 | 140 | 0.1 | 22 017 | 11.9 |
| 重　　庆 | 221 598 | 87.1 | 30 051 | 11.8 | 478 | 0.2 |
| 四　　川 | 646 302 | 95.7 | 5 905 | 0.9 | 1 432 | 0.2 |
| 贵　　州 | 370 803 | 94.5 | 1 807 | 0.5 | 4 791 | 1.2 |
| 云　　南 | 1 082 173 | 93.3 | 9 304 | 0.8 | 51 757 | 4.5 |
| 陕　　西 | 227 853 | 37.2 | 261 913 | 42.8 | 52 682 | 8.6 |
| 甘　　肃 | 74 407 | 38.7 | 18 355 | 9.6 | 14 272 | 7.4 |
| 青　　海 | – | – | – | – | – | – |
| 宁　　夏 | 41 253 | 35.4 | 8 857 | 7.6 | 11 395 | 9.8 |
| 新　　疆 | 73 807 | 54.1 | 30 849 | 22.6 | 11 073 | 8.1 |

# 全国浓缩饲料加工企业生产情况（二）

单位：吨、％

| 地　　区 | 水产饲料 | 比重 | 反刍动物饲料 | 比重 | 其他饲料 | 比重 |
|---|---|---|---|---|---|---|
| 全国总计 | 27 363 | 0.1 | 2 000 203 | 10.8 | 203 978 | 1.1 |
| 北　　京 | – | – | 31 284 | 8.6 | 1 829 | 0.5 |
| 天　　津 | – | – | 77 810 | 16.7 | 2 949 | 0.6 |
| 河　　北 | – | – | 324 892 | 16.6 | 23 839 | 1.2 |
| 山　　西 | – | – | 17 691 | 7.6 | 386 | 0.2 |
| 内　蒙　古 | – | – | 448 004 | 67.5 | 7 901 | 1.2 |
| 辽　　宁 | 12 676 | 0.5 | 305 394 | 11.6 | 21 222 | 0.8 |
| 吉　　林 | 1 691 | 0.2 | 113 306 | 13.3 | 1 925 | 0.2 |
| 黑　龙　江 | – | – | 332 861 | 10.9 | 61 971 | 2.0 |
| 上　　海 | – | – | 4 906 | 3.3 | 5 148 | 3.4 |
| 江　　苏 | 3 392 | 0.7 | 7 407 | 1.5 | 487 | 0.1 |
| 浙　　江 | – | – | – | – | – | – |
| 安　　徽 | 60 | 0.02 | 2 594 | 1.0 | 8 002 | 3.2 |
| 福　　建 | 26 | 0.02 | – | – | 864 | 0.7 |
| 江　　西 | 570 | 0.3 | – | – | 11 327 | 6.1 |
| 山　　东 | 54 | 0.004 | 60 711 | 4.9 | 8 078 | 0.7 |
| 河　　南 | – | – | 15 763 | 1.7 | 3 449 | 0.4 |
| 湖　　北 | 1 704 | 0.6 | 922 | 0.3 | – | – |
| 湖　　南 | – | – | 200 | 0.1 | 113 | 0.03 |
| 广　　东 | 6 388 | 1.4 | – | – | 15 468 | 3.3 |
| 海　　南 | – | – | – | – | – | – |
| 广　　西 | – | – | – | – | – | – |
| 重　　庆 | – | – | 2 171 | 0.9 | – | – |
| 四　　川 | 86 | 0.01 | 18 937 | 2.8 | 2 923 | 0.4 |
| 贵　　州 | – | – | 6 448 | 1.6 | 8 654 | 2.2 |
| 云　　南 | – | – | 15 942 | 1.4 | 125 | 0.01 |
| 陕　　西 | 235 | 0.04 | 69 124 | 11.3 | 652 | 0.1 |
| 甘　　肃 | – | – | 69 402 | 36.1 | 15 676 | 8.2 |
| 青　　海 | – | – | 209 | 100.0 | – | – |
| 宁　　夏 | 462 | 0.4 | 53 594 | 46.0 | 990 | 0.8 |
| 新　　疆 | 20 | 0.01 | 20 632 | 15.1 | – | – |

# 全国添加剂预混合饲料加工企业生产情况（一）

单位：吨、%

| 地　　区 | 猪饲料 | 比重 | 蛋禽饲料 | 比重 | 肉禽饲料 | 比重 |
|---|---|---|---|---|---|---|
| 全国总计 | 4 200 197 | 61.0 | 1 386 346 | 20.1 | 364 289 | 5.3 |
| 北　　京 | 237 893 | 45.7 | 171 736 | 33.0 | 9 499 | 1.8 |
| 天　　津 | 110 818 | 46.5 | 78 067 | 32.7 | 4 089 | 1.7 |
| 河　　北 | 51 450 | 28.3 | 38 401 | 21.1 | 6 897 | 3.8 |
| 山　　西 | 25 353 | 54.8 | 13 022 | 28.2 | 5 957 | 12.9 |
| 内 蒙 古 | 9 306 | 27.4 | 419 | 1.2 | 20 | 0.1 |
| 辽　　宁 | 75 715 | 38.5 | 65 187 | 33.2 | 28 217 | 14.4 |
| 吉　　林 | 15 195 | 29.4 | 13 401 | 25.9 | 10 776 | 20.8 |
| 黑 龙 江 | 141 236 | 44.6 | 71 295 | 22.5 | 52 238 | 16.5 |
| 上　　海 | 129 736 | 54.9 | 49 174 | 20.8 | 8 619 | 3.6 |
| 江　　苏 | 203 298 | 50.6 | 124 232 | 30.9 | 25 237 | 6.3 |
| 浙　　江 | 100 611 | 76.9 | 10 624 | 8.1 | 5 140 | 3.9 |
| 安　　徽 | 130 982 | 71.2 | 21 935 | 11.9 | 20 405 | 11.1 |
| 福　　建 | 175 236 | 83.6 | 8 450 | 4.0 | 11 395 | 5.4 |
| 江　　西 | 600 647 | 97.7 | 4 968 | 0.8 | 4 812 | 0.8 |
| 山　　东 | 298 355 | 36.0 | 366 873 | 44.3 | 37 813 | 4.6 |
| 河　　南 | 497 441 | 80.4 | 104 854 | 16.9 | 10 008 | 1.6 |
| 湖　　北 | 102 039 | 56.2 | 63 016 | 34.7 | 5 272 | 2.9 |
| 湖　　南 | 425 112 | 90.5 | 30 493 | 6.5 | 9 443 | 2.0 |
| 广　　东 | 489 564 | 66.9 | 34 508 | 4.7 | 38 822 | 5.3 |
| 海　　南 | 6 073 | 100.0 | — | — | — | — |
| 广　　西 | 106 011 | 67.0 | 6 990 | 4.4 | 39 347 | 24.9 |
| 重　　庆 | 5 457 | 82.5 | 795 | 12.0 | 208 | 3.1 |
| 四　　川 | 177 696 | 60.2 | 31 704 | 10.7 | 19 032 | 6.4 |
| 贵　　州 | — | — | — | — | — | — |
| 云　　南 | 25 806 | 40.1 | 28 128 | 43.7 | 3 242 | 5.0 |
| 陕　　西 | 32 836 | 34.5 | 39 952 | 42.0 | 4 312 | 4.5 |
| 甘　　肃 | 1 648 | 16.7 | 429 | 4.4 | 464 | 4.7 |
| 青　　海 | 561 | 12.7 | — | — | — | — |
| 宁　　夏 | 7 764 | 49.3 | 1 317 | 8.4 | 841 | 5.3 |
| 新　　疆 | 16 358 | 41.2 | 6 374 | 16.1 | 2 183 | 5.5 |

# 全国添加剂预混合饲料加工企业生产情况（二）

单位：吨、%

| 地 区 | 水产饲料 | 比重 | 反刍动物饲料 | 比重 | 其他饲料 | 比重 |
|---|---|---|---|---|---|---|
| 全国总计 | 281 820 | 4.1 | 433 787 | 6.3 | 222 822 | 3.2 |
| 北 京 | 10 511 | 2.0 | 71 802 | 13.8 | 18 702 | 3.6 |
| 天 津 | 2 955 | 1.2 | 39 571 | 16.6 | 3 057 | 1.3 |
| 河 北 | 2 452 | 1.3 | 57 570 | 31.6 | 25 292 | 13.9 |
| 山 西 | – | – | 1 448 | 3.1 | 463 | 1.0 |
| 内 蒙 古 | – | – | 14 015 | 41.3 | 10 198 | 30.0 |
| 辽 宁 | 6 559 | 3.3 | 7 499 | 3.8 | 13 387 | 6.8 |
| 吉 林 | 1 201 | 2.3 | 9 597 | 18.6 | 1 552 | 3.0 |
| 黑 龙 江 | 685 | 0.2 | 39 533 | 12.5 | 11 403 | 3.6 |
| 上 海 | 1 316 | 0.6 | 21 529 | 9.1 | 25 985 | 11.0 |
| 江 苏 | 10 703 | 2.7 | 36 965 | 9.2 | 1 555 | 0.4 |
| 浙 江 | 11 447 | 8.8 | 117 | 0.1 | 2 832 | 2.2 |
| 安 徽 | 1 842 | 1.0 | 4 120 | 2.2 | 4 693 | 2.6 |
| 福 建 | 13 675 | 6.5 | 7 | 0.003 | 811 | 0.4 |
| 江 西 | 1 281 | 0.2 | 33 | 0.01 | 2 931 | 0.5 |
| 山 东 | 6 549 | 0.8 | 69 520 | 8.4 | 49 957 | 6.0 |
| 河 南 | 1 284 | 0.2 | 3 393 | 0.5 | 2 106 | 0.3 |
| 湖 北 | 9 559 | 5.3 | – | – | 1 692 | 0.9 |
| 湖 南 | 1 286 | 0.3 | 2 802 | 0.6 | 361 | 0.1 |
| 广 东 | 139 114 | 19.0 | 631 | 0.1 | 28 933 | 4.0 |
| 海 南 | – | – | – | – | – | – |
| 广 西 | 5 891 | 3.7 | – | – | – | – |
| 重 庆 | 48 | 0.7 | 103 | 1.6 | 6 | 0.1 |
| 四 川 | 49 637 | 16.8 | 13 182 | 4.5 | 3 943 | 1.3 |
| 贵 州 | | | | | | |
| 云 南 | 1 276 | 2.0 | 1 371 | 2.1 | 4 607 | 7.2 |
| 陕 西 | 1 547 | 1.6 | 13 109 | 13.8 | 3 467 | 3.6 |
| 甘 肃 | – | – | 6 653 | 67.5 | 668 | 6.8 |
| 青 海 | – | – | 3 858 | 87.3 | – | – |
| 宁 夏 | | | 5 071 | 32.2 | 763 | 4.8 |
| 新 疆 | 1 003 | 2.5 | 10 290 | 25.9 | 3 457 | 8.7 |

# 全国饲料添加剂产量情况（一）

单位：吨

| 地　　区 | 饲料添加剂产品总量 | 饲料添加剂 | 混合型饲料添加剂 |
|---|---|---|---|
| **全国总计** | **10 345 804** | **9 832 285** | **513 519** |
| 北　　京 | 35 691 | 7 169 | 28 522 |
| 天　　津 | 38 229 | 33 482 | 4 747 |
| 河　　北 | 365 361 | 286 085 | 79 276 |
| 山　　西 | 18 873 | 17 758 | 1 115 |
| 内　蒙　古 | 597 517 | 582 526 | 14 990 |
| 辽　　宁 | 179 180 | 140 341 | 38 839 |
| 吉　　林 | 337 826 | 337 826 | – |
| 黑　龙　江 | 152 401 | 148 497 | 3 904 |
| 上　　海 | 59 783 | 31 360 | 28 423 |
| 江　　苏 | 487 447 | 451 801 | 35 645 |
| 浙　　江 | 226 529 | 201 608 | 24 921 |
| 安　　徽 | 24 964 | 22 138 | 2 826 |
| 福　　建 | 57 509 | 54 530 | 2 979 |
| 江　　西 | 247 255 | 236 996 | 10 259 |
| 山　　东 | 1 726 788 | 1 643 233 | 83 555 |
| 河　　南 | 51 216 | 50 643 | 573 |
| 湖　　北 | 700 005 | 678 267 | 21 739 |
| 湖　　南 | 184 868 | 169 920 | 14 949 |
| 广　　东 | 97 657 | 45 683 | 51 974 |
| 海　　南 | 348 | 7 | 341 |
| 广　　西 | 341 764 | 327 537 | 14 227 |
| 重　　庆 | 37 438 | 23 227 | 14 211 |
| 四　　川 | 1 162 754 | 1 131 645 | 31 108 |
| 贵　　州 | 414 942 | 414 942 | – |
| 云　　南 | 2 014 762 | 2 013 264 | 1 498 |
| 陕　　西 | 16 206 | 13 592 | 2 614 |
| 甘　　肃 | 544 | 502 | 42 |
| 青　　海 | 8 395 | 8 395 | – |
| 宁　　夏 | 404 705 | 404 462 | 243 |
| 新　　疆 | 354 848 | 354 847 | 0.3 |

# 全国饲料添加剂产量情况（二）

单位：吨

| 地　　区 | 氨基酸 | | 维生素 | | 矿物元素及其络合物 | |
|---|---|---|---|---|---|---|
| | 饲料添加剂 | 混合型饲料添加剂 | 饲料添加剂 | 混合型饲料添加剂 | 饲料添加剂 | 混合型饲料添加剂 |
| 全国总计 | 2 336 645 | 11 255 | 1 157 309 | 116 283 | 4 913 514 | 70 222 |
| 北　　京 | – | 88 | 4 088 | 823 | – | 5 342 |
| 天　　津 | 5 | 48 | 114 | 37 | 594 | 3 208 |
| 河　　北 | 797 | – | 209 133 | 45 109 | 4 000 | 10 079 |
| 山　　西 | | | | – | 30 | 45 |
| 内　蒙　古 | 478 792 | – | 1 945 | 942 | 70 008 | – |
| 辽　　宁 | 71 100 | 284 | 7 146 | 31 997 | 43 386 | 1 322 |
| 吉　　林 | 317 150 | – | 10 305 | – | 5 833 | – |
| 黑　龙　江 | 142 428 | – | – | 800 | 2 111 | 907 |
| 上　　海 | – | – | 21 328 | 4 502 | 3 265 | 72 |
| 江　　苏 | 128 800 | – | 56 414 | 540 | 162 278 | 192 |
| 浙　　江 | 5 807 | 10 529 | 154 902 | 5 212 | 6 423 | 309 |
| 安　　徽 | – | – | – | 283 | – | 724 |
| 福　　建 | 63 | 20 | 4 183 | 6 | 55 | – |
| 江　　西 | – | – | 5 713 | 5 | 40 904 | 810 |
| 山　　东 | 428 191 | 52 | 649 209 | 24 986 | 182 827 | 2 234 |
| 河　　南 | 11 000 | 6 | 2 969 | 36 | 105 | 16 |
| 湖　　北 | 12 340 | 2 | 17 737 | 25 | 448 956 | 8 055 |
| 湖　　南 | – | – | – | – | 143 658 | 9 076 |
| 广　　东 | – | 206 | 6 479 | 786 | 21 359 | 2 223 |
| 海　　南 | – | 20 | – | – | – | – |
| 广　　西 | – | – | – | – | 283 779 | 9 184 |
| 重　　庆 | – | – | 336 | 108 | – | 400 |
| 四　　川 | – | – | 3 467 | 3 | 1 110 741 | 15 886 |
| 贵　　州 | – | – | – | – | 345 707 | – |
| 云　　南 | – | – | 1 143 | – | 2 009 463 | – |
| 陕　　西 | – | – | – | 85 | 12 601 | 138 |
| 甘　　肃 | – | – | – | – | – | – |
| 青　　海 | – | – | – | – | 7 345 | – |
| 宁　　夏 | 390 500 | – | 699 | – | 6 692 | – |
| 新　　疆 | 349 672 | – | – | – | 1 395 | – |

## 全国饲料添加剂产量情况（三）

单位：吨

| 地　区 | 酶制剂 | | 抗氧化剂 | | 防腐剂、防霉剂 | |
|---|---|---|---|---|---|---|
| | 饲料添加剂 | 混合型饲料添加剂 | 饲料添加剂 | 混合型饲料添加剂 | 饲料添加剂 | 混合型饲料添加剂 |
| **全国总计** | **60 494** | **46 452** | **45 344** | **23 806** | **58 983** | **46 719** |
| 北　京 | – | 10 347 | – | 267 | – | 7 |
| 天　津 | 740 | 743 | – | – | 1 280 | 29 |
| 河　北 | 5 862 | 6 309 | – | 50 | – | 480 |
| 山　西 | – | – | – | – | 16 | 16 |
| 内　蒙　古 | 9 480 | 30 | – | – | 13 721 | 3 |
| 辽　宁 | 50 | 2 163 | 200 | – | – | 158 |
| 吉　林 | – | – | – | – | – | – |
| 黑　龙　江 | 893 | 405 | – | – | 415 | 854 |
| 上　海 | 201 | 1 686 | 4 010 | 4 212 | 574 | 4 021 |
| 江　苏 | 12 644 | 1 299 | 40 478 | 13 725 | 8 429 | 14 448 |
| 浙　江 | 473 | 921 | – | 743 | 217 | 135 |
| 安　徽 | – | – | – | – | – | – |
| 福　建 | 753 | – | 53 | 454 | – | 209 |
| 江　西 | 2 | 18 | 38 | 344 | 2 | 4 493 |
| 山　东 | 19 027 | 13 782 | – | 316 | 24 311 | 362 |
| 河　南 | 929 | 125 | – | 31 | – | 13 |
| 湖　北 | 2 461 | 134 | – | – | 8 583 | 147 |
| 湖　南 | 3 073 | 3 367 | 212 | 25 | 608 | 475 |
| 广　东 | 165 | 3 495 | 329 | 2 867 | 828 | 10 536 |
| 海　南 | – | – | – | – | – | – |
| 广　西 | – | – | – | 233 | – | 4 586 |
| 重　庆 | – | – | – | 411 | – | 3 527 |
| 四　川 | 2 225 | 357 | 18 | 18 | – | 2 140 |
| 贵　州 | – | – | 6 | – | – | – |
| 云　南 | 714 | 964 | – | – | – | – |
| 陕　西 | – | 22 | – | 110 | – | 80 |
| 甘　肃 | 502 | 42 | – | – | – | – |
| 青　海 | – | – | – | – | – | – |
| 宁　夏 | 179 | 243 | – | – | – | – |
| 新　疆 | 120 | – | – | – | – | – |

## 全国饲料添加剂产量情况（四）

单位：吨

| 地 区 | 微生物 | | 其他 | |
|---|---|---|---|---|
| | 饲料添加剂 | 混合型饲料添加剂 | 饲料添加剂 | 混合型饲料添加剂 |
| 全国总计 | **49 269** | **57 474** | **1 210 727** | **141 307** |
| 北 京 | 3 077 | 2 250 | 3 | 9 398 |
| 天 津 | 5 | 382 | 30 745 | 299 |
| 河 北 | 7 160 | 4 289 | 59 133 | 12 960 |
| 山 西 | 28 | 4 | 17 684 | 1 050 |
| 内 蒙 古 | 502 | 1 057 | 8 079 | 12 957 |
| 辽 宁 | 851 | 2 014 | 17 608 | 900 |
| 吉 林 | – | – | 4 538 | – |
| 黑 龙 江 | 1 087 | 938 | 1 565 | – |
| 上 海 | – | 315 | 1 983 | 13 614 |
| 江 苏 | 836 | 1 508 | 41 923 | 3 934 |
| 浙 江 | 1 824 | 1 557 | 31 961 | 5 516 |
| 安 徽 | 501 | 474 | 21 637 | 1 345 |
| 福 建 | 1 149 | 667 | 48 273 | 1 622 |
| 江 西 | 502 | 289 | 189 836 | 4 300 |
| 山 东 | 10 243 | 28 795 | 329 424 | 13 028 |
| 河 南 | 5 261 | 148 | 30 379 | 198 |
| 湖 北 | 9 316 | 5 563 | 178 875 | 7 813 |
| 湖 南 | 171 | 179 | 22 198 | 1 826 |
| 广 东 | 2 815 | 4 028 | 13 707 | 27 833 |
| 海 南 | 7 | 242 | – | 79 |
| 广 西 | 3 126 | 22 | 40 632 | 202 |
| 重 庆 | – | 436 | 22 892 | 9 330 |
| 四 川 | 387 | 1 285 | 14 807 | 11 419 |
| 贵 州 | – | – | 69 229 | – |
| 云 南 | 5 | 364 | 1 939 | 170 |
| 陕 西 | 250 | 668 | 741 | 1 512 |
| 甘 肃 | – | – | – | – |
| 青 海 | – | – | 1 050 | – |
| 宁 夏 | – | – | 6 393 | – |
| 新 疆 | 164 | 0.3 | 3 496 | – |

# 全国饲料添加剂单项产品生产情况（一）

单位：吨

| 地　　区 | 赖氨酸 | 蛋氨酸 | 苏氨酸 | 色氨酸 |
|---|---|---|---|---|
| 全国总计 | 1 373 452 | 248 484 | 573 976 | 10 281 |
| 北　　京 | – | – | – | – |
| 天　　津 | – | – | – | – |
| 河　　北 | 291 | 306 | 188 | – |
| 山　　西 | – | – | – | – |
| 内　蒙　古 | 138 454 | – | 339 179 | 1 162 |
| 辽　　宁 | 29 791 | – | 28 414 | – |
| 吉　　林 | 293 371 | 33 | 23 746 | – |
| 黑　龙　江 | 99 698 | – | 42 731 | – |
| 上　　海 | – | – | – | – |
| 江　　苏 | – | 128 800 | – | – |
| 浙　　江 | 684 | 18 | 1 632 | 390 |
| 安　　徽 | – | – | – | – |
| 福　　建 | – | – | – | – |
| 江　　西 | – | – | – | – |
| 山　　东 | 304 124 | 23 300 | – | 9 |
| 河　　南 | 500 | – | 4 100 | 5 100 |
| 湖　　北 | – | – | – | – |
| 湖　　南 | – | – | – | – |
| 广　　东 | – | – | – | – |
| 海　　南 | – | – | – | – |
| 广　　西 | – | – | – | – |
| 重　　庆 | – | – | – | – |
| 四　　川 | – | – | – | – |
| 贵　　州 | – | – | – | – |
| 云　　南 | – | – | – | – |
| 陕　　西 | – | – | – | – |
| 甘　　肃 | – | – | – | – |
| 青　　海 | – | – | – | – |
| 宁　　夏 | 230 726 | 96 027 | 63 747 | – |
| 新　　疆 | 275 813 | – | 70 239 | 3 620 |

# 全国饲料添加剂单项产品生产情况（二）

单位：吨

| 地　　区 | 氯化胆碱 | 维生素 A | 维生素 E | 维生素 $B_{12}$ | 维生素 $B_2$ | 维生素 C |
|---|---|---|---|---|---|---|
| 全国总计 | 618 890 | 15 074 | 113 017 | 702 | 2 961 | 29 851 |
| 北　京 | - | - | - | - | - | 4 088 |
| 天　津 | - | - | 0.4 | - | - | - |
| 河　北 | 172 000 | - | - | - | - | 5 747 |
| 山　西 | - | - | - | - | - | - |
| 内　蒙　古 | - | - | - | - | 1 945 | - |
| 辽　宁 | - | 876 | 2 722 | - | - | 954 |
| 吉　林 | - | - | 7 569 | - | - | - |
| 黑　龙　江 | - | - | - | - | - | - |
| 上　海 | 9 317 | 1 897 | 9 438 | - | - | 6 |
| 江　苏 | 30 843 | - | 5 411 | - | - | 2 794 |
| 浙　江 | 79 | 12 300 | 71 840 | 2 | 6 | 1 317 |
| 安　徽 | - | - | - | - | - | - |
| 福　建 | - | - | 1 114 | - | - | - |
| 江　西 | - | - | - | - | 9 | - |
| 山　东 | 406 652 | 2 | 1 | 1 | 1 002 | 14 144 |
| 河　南 | - | - | - | - | - | 800 |
| 湖　北 | - | - | 14 922 | - | - | - |
| 湖　南 | - | - | - | - | - | - |
| 广　东 | - | - | - | - | - | - |
| 海　南 | - | - | - | - | - | - |
| 广　西 | - | - | - | - | - | - |
| 重　庆 | - | - | - | - | - | - |
| 四　川 | - | - | - | - | - | - |
| 贵　州 | - | - | - | - | - | - |
| 云　南 | - | - | - | - | - | - |
| 陕　西 | - | - | - | - | - | - |
| 甘　肃 | - | - | - | - | - | - |
| 青　海 | - | - | - | - | - | - |
| 宁　夏 | - | - | - | 699 | - | - |
| 新　疆 | - | - | - | - | - | - |

## 全国饲料添加剂单项产品生产情况（三）

单位：吨

| 地　区 | 硫酸铜 | 硫酸亚铁 | 硫酸锌 | 硫酸锰 | 磷酸氢钙 |
|---|---|---|---|---|---|
| 全国总计 | 14 269 | 94 923 | 127 001 | 118 428 | 3 149 980 |
| 北　京 | – | – | – | – | – |
| 天　津 | – | – | – | – | – |
| 河　北 | – | – | – | 1 387 | 2 613 |
| 山　西 | – | – | – | – | – |
| 内　蒙　古 | – | – | – | – | 41 508 |
| 辽　宁 | 2 447 | 761 | 667 | 694 | – |
| 吉　林 | 1 600 | – | – | – | 4 233 |
| 黑　龙　江 | – | – | – | – | – |
| 上　海 | 620 | 720 | 361 | 328 | 971 |
| 江　苏 | – | – | – | – | 16 451 |
| 浙　江 | 41 | 4 | 3 | 3 | 597 |
| 安　徽 | – | – | – | – | – |
| 福　建 | – | – | 30 | 15 | – |
| 江　西 | – | – | 31 712 | – | – |
| 山　东 | 281 | 249 | 243 | 457 | 57 773 |
| 河　南 | – | – | – | – | – |
| 湖　北 | – | – | – | – | 32 120 |
| 湖　南 | 8 662 | 7 299 | 60 837 | 18 721 | – |
| 广　东 | 160 | – | – | – | – |
| 海　南 | – | – | – | – | – |
| 广　西 | 39 | 26 148 | 21 678 | 87 689 | 145 826 |
| 重　庆 | – | – | – | – | – |
| 四　川 | 18 | 58 875 | 1 945 | 8 594 | 848 944 |
| 贵　州 | – | – | – | – | 70 415 |
| 云　南 | 368 | 805 | 2 375 | 500 | 1 921 184 |
| 陕　西 | 33 | 63 | 459 | 41 | – |
| 甘　肃 | – | – | – | – | – |
| 青　海 | – | – | – | – | 7 345 |
| 宁　夏 | – | – | 6 692 | – | – |
| 新　疆 | – | – | – | – | – |

# 全国饲料机械工业设备企业生产情况

单位：台、套

| 地 区 | 成套机组 | | | 单机 | | | | |
|---|---|---|---|---|---|---|---|---|
| | 小计 | 时产≥10 吨 | 时产＜10 吨 | 小计 | 粉碎机 | 混合机 | 制粒机 | 其他 |
| 全国总计 | 1 389 | 1 041 | 348 | 24 300 | 8 127 | 6 599 | 3 672 | 5 902 |
| 北　京 | - | - | - | - | - | - | - | - |
| 天　津 | - | - | - | - | - | - | - | - |
| 河　北 | 21 | 16 | 5 | 98 | 33 | 25 | 5 | 35 |
| 山　西 | - | - | - | - | - | - | - | - |
| 内 蒙 古 | - | - | - | - | - | - | - | - |
| 辽　宁 | 11 | 6 | 5 | 4 | - | - | 4 | - |
| 吉　林 | - | - | - | - | - | - | - | - |
| 黑 龙 江 | 7 | 7 | - | 41 | 24 | 8 | 9 | - |
| 上　海 | 38 | 26 | 12 | 171 | 34 | 24 | 113 | - |
| 江　苏 | 1 156 | 929 | 227 | 20 634 | 7 001 | 5 599 | 3 413 | 4 621 |
| 浙　江 | 31 | 16 | 15 | 126 | 30 | 27 | 23 | 46 |
| 安　徽 | - | - | - | - | - | - | - | - |
| 福　建 | - | - | - | - | - | - | - | - |
| 江　西 | - | - | - | - | - | - | - | - |
| 山　东 | 55 | 25 | 30 | 77 | 22 | 15 | 20 | 20 |
| 河　南 | - | - | - | - | - | - | - | - |
| 湖　北 | - | - | - | - | - | - | - | - |
| 湖　南 | - | - | - | 1 518 | 730 | 690 | 20 | 78 |
| 广　东 | - | - | - | - | - | - | - | - |
| 海　南 | - | - | - | - | - | - | - | - |
| 广　西 | - | - | - | - | - | - | - | - |
| 重　庆 | - | - | - | - | - | - | - | - |
| 四　川 | 70 | 16 | 54 | 1 631 | 253 | 211 | 65 | 1 102 |
| 贵　州 | - | - | - | - | - | - | - | - |
| 云　南 | - | - | - | - | - | - | - | - |
| 陕　西 | - | - | - | - | - | - | - | - |
| 甘　肃 | - | - | - | - | - | - | - | - |
| 青　海 | - | - | - | - | - | - | - | - |
| 宁　夏 | - | - | - | - | - | - | - | - |
| 新　疆 | - | - | - | - | - | - | - | - |

# 全国饲料大宗原料消费情况（一）

单位：吨

| 地　　区 | 总消耗量 | 玉米 | 小麦 | 鱼粉 | 豆粕 |
|---|---|---|---|---|---|
| 全国总计 | 196 334 652 | 101 817 433 | 13 786 755 | 2 307 324 | 41 356 369 |
| 北　　京 | 1 195 468 | 555 444 | 13 610 | 23 228 | 319 916 |
| 天　　津 | 1 253 490 | 335 022 | 9 496 | 39 857 | 430 208 |
| 河　　北 | 8 532 078 | 5 380 007 | 63 988 | 129 505 | 1 740 967 |
| 山　　西 | 1 823 876 | 1 117 241 | 10 908 | 13 239 | 364 961 |
| 内　蒙　古 | 4 364 974 | 2 539 823 | 6 255 | 4 447 | 456 151 |
| 辽　　宁 | 8 878 357 | 4 920 114 | 42 352 | 88 097 | 2 404 382 |
| 吉　　林 | 3 405 870 | 2 200 287 | 1 484 | 3 130 | 904 719 |
| 黑　龙　江 | 4 208 607 | 1 705 260 | 9 234 | 28 179 | 2 397 840 |
| 上　　海 | 1 343 092 | 697 704 | 91 949 | 9 824 | 273 380 |
| 江　　苏 | 11 315 605 | 5 262 509 | 1 183 487 | 164 207 | 2 081 628 |
| 浙　　江 | 4 000 118 | 2 500 000 | 93 397 | 56 000 | 658 627 |
| 安　　徽 | 5 290 228 | 3 524 019 | 427 535 | 29 689 | 645 612 |
| 福　　建 | 7 337 442 | 4 104 443 | 138 194 | 170 376 | 1 595 470 |
| 江　　西 | 7 167 131 | 4 288 606 | 89 717 | 43 276 | 1 412 515 |
| 山　　东 | 33 217 892 | 13 267 683 | 6 251 016 | 262 897 | 6 767 788 |
| 河　　南 | 10 715 630 | 3 530 080 | 2 973 741 | 94 899 | 2 657 575 |
| 湖　　北 | 9 805 894 | 4 102 822 | 463 713 | 81 803 | 1 797 784 |
| 湖　　南 | 9 156 741 | 4 965 734 | 681 667 | 113 351 | 1 942 642 |
| 广　　东 | 26 025 989 | 14 876 485 | 488 909 | 581 670 | 4 733 834 |
| 海　　南 | 1 821 708 | 996 863 | 283 946 | 45 275 | 253 981 |
| 广　　西 | 12 071 945 | 8 108 313 | 93 886 | 71 332 | 2 191 310 |
| 重　　庆 | 1 950 252 | 1 008 759 | 56 996 | 28 800 | 464 251 |
| 四　　川 | 10 420 162 | 5 675 600 | 179 997 | 150 968 | 2 139 728 |
| 贵　　州 | 1 313 184 | 553 792 | 18 527 | 11 414 | 434 148 |
| 云　　南 | 4 124 136 | 2 259 140 | 86 890 | 36 501 | 1 318 081 |
| 陕　　西 | 1 715 237 | 863 507 | 8 234 | 12 364 | 485 834 |
| 甘　　肃 | 895 800 | 404 000 | 8 000 | 4 300 | 188 000 |
| 青　　海 | 48 263 | 29 232 | 1 092 | - | 3 360 |
| 宁　　夏 | 1 310 859 | 1 113 546 | 1 764 | 2 783 | 99 365 |
| 新　　疆 | 1 624 626 | 931 399 | 6 773 | 5 915 | 192 312 |

# 全国饲料大宗原料消费情况（二）

单位：吨

| 地 区 | 棉籽粕 | 菜籽粕 | 其他饼粕 | 磷酸氢钙 | 其他 |
|---|---|---|---|---|---|
| 全国总计 | 3 669 016 | 4 146 298 | 4 242 991 | 5 043 293 | 19 965 174 |
| 北　京 | 18 707 | 21 094 | 64 908 | 50 538 | 128 023 |
| 天　津 | 43 186 | 35 832 | 66 819 | 32 949 | 260 120 |
| 河　北 | 301 364 | 140 365 | 256 842 | 93 869 | 425 171 |
| 山　西 | 95 228 | 16 234 | 35 457 | 22 569 | 148 038 |
| 内 蒙 古 | 167 697 | 32 708 | 290 765 | 69 371 | 797 758 |
| 辽　宁 | 195 100 | 116 182 | 284 510 | 143 614 | 684 008 |
| 吉　林 | 90 036 | 92 705 | 94 358 | 12 520 | 6 631 |
| 黑 龙 江 | 25 899 | – | – | 42 195 | – |
| 上　海 | 52 125 | 72 531 | 47 824 | 21 469 | 76 286 |
| 江　苏 | 356 789 | 425 146 | 280 241 | 178 187 | 1 383 409 |
| 浙　江 | 33 235 | 81 387 | 88 004 | 37 043 | 452 424 |
| 安　徽 | 24 888 | 46 121 | 73 005 | 54 852 | 464 508 |
| 福　建 | 32 121 | 160 958 | 102 565 | 102 006 | 931 309 |
| 江　西 | 21 985 | 98 840 | 134 096 | 86 209 | 991 888 |
| 山　东 | 281 070 | 50 906 | 960 064 | 2 810 145 | 2 566 323 |
| 河　南 | 210 113 | 71 580 | 93 941 | 280 103 | 803 598 |
| 湖　北 | 807 531 | 776 299 | 305 253 | 125 763 | 1 344 925 |
| 湖　南 | 259 323 | 220 606 | 123 973 | 91 053 | 758 393 |
| 广　东 | 30 929 | 908 366 | 428 615 | 220 468 | 3 756 712 |
| 海　南 | 38 160 | 89 683 | 98 702 | 15 098 | – |
| 广　西 | 22 928 | 208 685 | 65 333 | 99 236 | 1 210 922 |
| 重　庆 | 30 420 | 41 017 | 32 289 | 23 976 | 263 746 |
| 四　川 | 140 336 | 192 215 | 173 569 | 135 157 | 1 632 593 |
| 贵　州 | 14 211 | 17 048 | 5 135 | 99 575 | 159 333 |
| 云　南 | 121 669 | 162 225 | 28 389 | 82 401 | 28 840 |
| 陕　西 | 67 286 | 29 310 | 34 872 | 38 425 | 175 406 |
| 甘　肃 | 11 900 | 8 400 | 12 100 | 49 000 | 210 100 |
| 青　海 | 3 490 | 4 259 | 200 | 514 | 6 116 |
| 宁　夏 | 29 110 | 5 758 | 12 520 | 6 171 | 39 842 |
| 新　疆 | 142 180 | 19 836 | 48 642 | 18 818 | 258 752 |

# 全国饲料企业年末职工人数情况（一）

单位：人

| 地　　区 | 职工总数 | 其中职工学历构成 | | | | |
| --- | --- | --- | --- | --- | --- | --- |
| | | 博士 | 硕士 | 大学本科 | 大学专科 | 其他 |
| **全国总计** | **467 506** | **1 871** | **9 018** | **69 862** | **110 213** | **276 542** |
| 北　　京 | 8 263 | 147 | 465 | 1 650 | 2 467 | 3 534 |
| 天　　津 | 4 515 | 33 | 167 | 934 | 984 | 2 397 |
| 河　　北 | 25 175 | 84 | 312 | 2 596 | 5 182 | 17 001 |
| 山　　西 | 4 376 | 15 | 53 | 595 | 1 001 | 2 712 |
| 内　蒙　古 | 15 581 | 39 | 193 | 2 473 | 4 872 | 8 004 |
| 辽　　宁 | 17 729 | 59 | 393 | 2 869 | 4 210 | 10 198 |
| 吉　　林 | 8 330 | 58 | 102 | 1 192 | 1 794 | 5 184 |
| 黑　龙　江 | 8 687 | 22 | 49 | 208 | 249 | 8 159 |
| 上　　海 | 11 455 | 33 | 187 | 1 583 | 2 272 | 7 380 |
| 江　　苏 | 32 765 | 124 | 680 | 5 220 | 7 737 | 19 004 |
| 浙　　江 | 26 800 | 102 | 717 | 5 421 | 5 914 | 14 646 |
| 安　　徽 | 10 537 | 18 | 152 | 1 760 | 2 350 | 6 257 |
| 福　　建 | 12 977 | 37 | 167 | 1 717 | 2 338 | 8 718 |
| 江　　西 | 10 182 | 40 | 151 | 1 330 | 2 344 | 6 317 |
| 山　　东 | 70 326 | 289 | 1 865 | 11 109 | 19 663 | 37 400 |
| 河　　南 | 19 206 | 125 | 447 | 3 127 | 5 820 | 9 687 |
| 湖　　北 | 30 856 | 78 | 546 | 4 605 | 6 892 | 18 735 |
| 湖　　南 | 16 563 | 102 | 357 | 2 856 | 5 016 | 8 232 |
| 广　　东 | 35 666 | 191 | 839 | 5 202 | 6 985 | 22 449 |
| 海　　南 | 1 442 | – | 3 | 118 | 346 | 975 |
| 广　　西 | 12 342 | 19 | 140 | 1 518 | 2 374 | 8 291 |
| 重　　庆 | 6 953 | 22 | 103 | 1 089 | 2 395 | 3 344 |
| 四　　川 | 30 643 | 132 | 463 | 3 535 | 5 467 | 21 046 |
| 贵　　州 | 2 873 | 10 | 25 | 393 | 827 | 1 618 |
| 云　　南 | 11 660 | 26 | 90 | 1 944 | 2 650 | 6 950 |
| 陕　　西 | 11 698 | 36 | 165 | 1 472 | 3 229 | 6 796 |
| 甘　　肃 | 4 525 | 8 | 32 | 955 | 640 | 2 890 |
| 青　　海 | 590 | – | 4 | 36 | 80 | 470 |
| 宁　　夏 | 6 406 | 15 | 75 | 1 027 | 1 810 | 3 479 |
| 新　　疆 | 8 385 | 7 | 76 | 1 328 | 2 305 | 4 669 |

# 全国饲料企业年末职工人数情况（二）

单位：人

| 地　　区 | 其中技术工种人员构成 | | |
|---|---|---|---|
| | 小计 | 检验员、化验员 | 维修工 |
| **全国总计** | **35 203** | **20 740** | **14 463** |
| 北　　京 | 439 | 276 | 163 |
| 天　　津 | 370 | 234 | 136 |
| 河　　北 | 2 329 | 1 445 | 884 |
| 山　　西 | 412 | 233 | 179 |
| 内　蒙　古 | 1 570 | 869 | 701 |
| 辽　　宁 | 2 199 | 1 463 | 736 |
| 吉　　林 | 901 | 566 | 335 |
| 黑　龙　江 | 1 067 | 716 | 351 |
| 上　　海 | 1 026 | 609 | 417 |
| 江　　苏 | 2 120 | 1 197 | 923 |
| 浙　　江 | 2 174 | 1 391 | 783 |
| 安　　徽 | 471 | 252 | 219 |
| 福　　建 | 974 | 504 | 470 |
| 江　　西 | 768 | 432 | 336 |
| 山　　东 | 4 248 | 2 537 | 1 711 |
| 河　　南 | 1 439 | 876 | 563 |
| 湖　　北 | 1 298 | 686 | 612 |
| 湖　　南 | 1 846 | 1 348 | 498 |
| 广　　东 | 2 623 | 1 332 | 1 291 |
| 海　　南 | 69 | 39 | 30 |
| 广　　西 | 1 002 | 498 | 504 |
| 重　　庆 | 340 | 198 | 142 |
| 四　　川 | 2 378 | 1 281 | 1 097 |
| 贵　　州 | 199 | 108 | 91 |
| 云　　南 | 973 | 528 | 445 |
| 陕　　西 | 699 | 433 | 266 |
| 甘　　肃 | 268 | 168 | 100 |
| 青　　海 | 52 | 28 | 24 |
| 宁　　夏 | 632 | 320 | 312 |
| 新　　疆 | 317 | 173 | 144 |

# 饲料工业出口产品信息（一）

单位：万元、吨、台（套）

| 地 区 | 总出口额 | 饲料产品 | | 饲料添加剂 | |
|---|---|---|---|---|---|
| | | 出口量 | 出口额 | 出口量 | 出口额 |
| 全国总计 | 2 230 525 | 98 609 | 120 419 | 1 481 275 | 1 860 555 |
| 北 京 | 6 630 | 10 587 | 2 807 | 1 715 | 3 823 |
| 天 津 | 6 822 | 11 456 | 5 640 | 6 528 | 1 182 |
| 河 北 | 28 430 | – | – | 46 724 | 28 230 |
| 山 西 | – | – | – | – | – |
| 内 蒙 古 | 171 200 | 324 | 53 | 195 708 | 161 718 |
| 辽 宁 | 44 474 | 13 735 | 4 285 | 30 979 | 39 449 |
| 吉 林 | – | – | – | – | – |
| 黑 龙 江 | 53 190 | – | – | 49 572 | 53 190 |
| 上 海 | 50 281 | 256 | 749 | 3 135 | 47 958 |
| 江 苏 | 319 380 | 23 289 | 4 793 | 38 734 | 94 743 |
| 浙 江 | 239 941 | 6 190 | 3 496 | 25 565 | 236 445 |
| 安 徽 | – | – | – | – | – |
| 福 建 | 3 257 | 2 389 | 2 706 | 249 | 386 |
| 江 西 | 73 214 | – | – | 16 778 | 73 214 |
| 山 东 | 704 151 | 2 301 | 2 750 | 329 150 | 685 645 |
| 河 南 | 20 479 | – | – | 10 188 | 20 479 |
| 湖 北 | 86 711 | – | – | 23 799 | 86 711 |
| 湖 南 | 18 725 | – | – | 28 996 | 18 323 |
| 广 东 | 32 327 | 7 375 | 11 708 | 5 139 | 20 546 |
| 海 南 | – | – | – | – | – |
| 广 西 | 23 338 | 356 | 360 | 56 830 | 22 909 |
| 重 庆 | 9 307 | 601 | 551 | 934 | 8 756 |
| 四 川 | 21 817 | – | – | 19 577 | 20 517 |
| 贵 州 | 38 684 | – | – | 131 761 | 38 684 |
| 云 南 | 81 103 | – | – | 295 018 | 81 103 |
| 陕 西 | – | – | – | – | – |
| 甘 肃 | – | – | – | – | – |
| 青 海 | – | – | – | – | – |
| 宁 夏 | 174 565 | 19 751 | 80 523 | 161 141 | 94 042 |
| 新 疆 | 22 500 | – | – | 3 054 | 22 500 |

# 饲料工业出口产品信息（二）

单位：万元、吨、台（套）

| 地　区 | 单一饲料 | | 饲料机械 | |
|---|---|---|---|---|
| | 出口量 | 出口额 | 出口量 | 出口额 |
| **全国总计** | **407 180** | **97 741** | **13 009** | **151 810** |
| 北　京 | – | – | – | – |
| 天　津 | – | – | – | – |
| 河　北 | 500 | 200 | – | – |
| 山　西 | – | – | – | – |
| 内 蒙 古 | 36 119 | 9 429 | – | – |
| 辽　宁 | 9 482 | 740 | – | – |
| 吉　林 | – | – | – | – |
| 黑 龙 江 | – | – | – | – |
| 上　海 | 2 013 | 1 574 | – | – |
| 江　苏 | 262 001 | 68 090 | 13 002 | 151 754 |
| 浙　江 | – | – | – | – |
| 安　徽 | – | – | – | – |
| 福　建 | 297 | 165 | – | – |
| 江　西 | – | – | – | – |
| 山　东 | 95 056 | 15 700 | 7 | 56 |
| 河　南 | 4 | – | – | – |
| 湖　北 | – | – | – | – |
| 湖　南 | 228 | 402 | – | – |
| 广　东 | 25 | 73 | – | – |
| 海　南 | – | – | – | – |
| 广　西 | 55 | 69 | – | – |
| 重　庆 | – | – | – | – |
| 四　川 | 1 400 | 1 300 | – | – |
| 贵　州 | – | – | – | – |
| 云　南 | – | – | – | – |
| 陕　西 | – | – | – | – |
| 甘　肃 | – | – | – | – |
| 青　海 | – | – | – | – |
| 宁　夏 | – | – | – | – |
| 新　疆 | – | – | – | – |

# 第二部分　2017 年主要饲料原料
## 进出口情况

## 2017 年主要饲料原料进出口情况

| | 出口数量（吨） | 同比（%） | 进口数量（吨） | 同比（%） |
|---|---|---|---|---|
| 玉米 | 86 020.7 | 2 012.8 | 2 827 128.9 | −10.8 |
| 大豆 | 113 917.4 | −11.2 | 95 536 511.8 | 14.8 |
| 豆粕 | 972 895.2 | −48.1 | 61 203.3 | 238.6 |
| 饲料用鱼粉 | 391.7 | 14.5 | 1 575 149.0 | 51.9 |
| 蛋氨酸 | 52 462.7 | 109.0 | 175 302.5 | 4.6 |
| 赖氨酸 | 372 925.8 | 11.2 | 2 100.8 | −17.7 |
| | 出口金额（万美元） | 同比（%） | 进口金额（万美元） | 同比（%） |
| 玉米 | 3 629.9 | 1 160.1 | 41 715.3 | −34.7 |
| 大豆 | 10 590.5 | −3.4 | 3 236 873.3 | −4.8 |
| 豆粕 | 38 762.1 | −51.3 | 3 645.4 | 170.2 |
| 饲料用鱼粉 | 138.8 | 215.5 | 191 573.9 | 18.8 |
| 蛋氨酸 | 11 688.9 | 29.1 | 39 626.8 | −24.2 |
| 赖氨酸 | 36 438.9 | −0.4 | 393.3 | −24.5 |

## 2017 年各月玉米进出口情况

| 月份 | 出口数量（吨） | 同比（％） | 进口数量（吨） | 同比（％） |
|---|---|---|---|---|
| 1 月 | 4.9 | −87.3 | 158 998.2 | 1 840.6 |
| 2 月 | 402.7 | −34.5 | 142 678.4 | 129.1 |
| 3 月 | 1 033.0 | 4 032.0 | 5 343.8 | −99.1 |
| 4 月 | 5 999.4 | 2 058.1 | 3 110.3 | −99.7 |
| 5 月 | 17 908.7 | 94 027.4 | 42 362.4 | −95.9 |
| 6 月 | 11 330.1 | 2 596.7 | 383 176.3 | 471.4 |
| 7 月 | 23 060.7 | 38 023.1 | 913 739.8 | 3 034.8 |
| 8 月 | 14 421.3 | 4 381.1 | 377 653.4 | 1 319.1 |
| 9 月 | 1 638.3 | 2 386.2 | 250 169.2 | 1 201.1 |
| 10 月 | 2 417.3 | 1 058.3 | 73 642.5 | 404.2 |
| 11 月 | 1 827.8 | 155.7 | 21 980.9 | −30.5 |
| 12 月 | 5 976.6 | 358.3 | 454 273.7 | 221.1 |
| 月份 | 出口金额（万美元） | 同比（％） | 进口金额（万美元） | 同比（％） |
| 1 月 | 0.4 | −89.0 | 3 305.4 | 929.1 |
| 2 月 | 11.8 | −59.2 | 3 150.8 | 156.8 |
| 3 月 | 25.8 | 2 611.5 | 312.7 | −97.2 |
| 4 月 | 140.7 | 1 272.5 | 270.8 | −98.8 |
| 5 月 | 411.5 | 6 298.9 | 934.8 | −95.3 |
| 6 月 | 276.0 | 1 700.4 | 7 896.9 | 451.7 |
| 7 月 | 1 927.8 | 16 986.0 | −39.6 | 2 263.0 |
| 8 月 | 318.0 | 4 381.1 | 7 732.7 | 1 319.1 |
| 9 月 | 42.5 | 1 481.5 | 5 267.1 | 895.6 |
| 10 月 | 117.1 | 138.6 | 1 858.0 | 244.1 |
| 11 月 | 132.3 | 79.6 | 776.7 | −32.6 |
| 12 月 | 226.0 | 179.6 | 10 249.0 | 164.4 |

## 2017 年各月大豆进出口情况

| 月份 | 出口数量（吨） | 同比（％） | 进口数量（吨） | 同比（％） |
|---|---|---|---|---|
| 1 月 | 12 528.9 | 9.6 | 7 655 062.8 | 35.3 |
| 2 月 | 7 706.6 | −2.7 | 5 537 770.3 | 22.8 |
| 3 月 | 12 264.8 | 12.0 | 6 326 630.3 | 3.8 |
| 4 月 | 13 418.1 | −6.8 | 8 015 459.1 | 13.4 |
| 5 月 | 10 842.0 | −22.9 | 9 586 590.0 | 25.1 |
| 6 月 | 6 278.7 | −47.9 | 7 686 649.5 | 1.6 |
| 7 月 | 6 324.5 | −6.8 | 10 080 895.4 | 29.9 |
| 8 月 | 5 941.8 | −27.0 | 8 447 718.1 | 10.1 |
| 9 月 | 5 184.3 | −24.3 | 8 112 677.4 | 12.8 |
| 10 月 | 6 786.6 | −19.9 | 5 856 065.3 | 12.3 |
| 11 月 | 12 974.5 | −17.9 | 8 684 182.7 | 10.8 |
| 12 月 | 13 666.6 | 19.6 | 9 546 810.8 | 6.1 |
| 月份 | 出口金额（万美元） | 同比（％） | 进口金额（万美元） | 同比（％） |
| 1 月 | 2 826.1 | −43.3 | 345.1 | 47.4 |
| 2 月 | 618.6 | −2.4 | 240 076.7 | 40.3 |
| 3 月 | 949.1 | 3.3 | 272 490.6 | 19.2 |
| 4 月 | 1 283.7 | −14.0 | 341 048.7 | 27.8 |
| 5 月 | 955.3 | −21.3 | 398 641.3 | 34.8 |
| 6 月 | 523.4 | −45.5 | 310 530.4 | 2.9 |
| 7 月 | −13.9 | −13.3 | 27.0 | 24.4 |
| 8 月 | 427.3 | −27.0 | 342 265.7 | 10.1 |
| 9 月 | 411.3 | −17.3 | 329 465.5 | 7.0 |
| 10 月 | 518.8 | −30.9 | 240 826.3 | 7.1 |
| 11 月 | 1 001.7 | −25.5 | 361 644.8 | 6.9 |
| 12 月 | 1 089.1 | 17.0 | 399 511.3 | 1.7 |

## 2017 年各月豆粕进出口情况

| 月份 | 出口数量（吨） | 同比（%） | 进口数量（吨） | 同比（%） |
|---|---|---|---|---|
| 1 月 | 57 838.1 | −48.4 | 6 036.1 | 86.3 |
| 2 月 | 38 396.5 | −62.4 | 12 725.7 | 367.1 |
| 3 月 | 56 958.8 | −66.6 | 8 930.6 | 1 273.9 |
| 4 月 | 94 051.3 | −25.7 | 7 521.6 | 638.5 |
| 5 月 | 90 590.3 | −45.2 | 6 295.7 | 358.9 |
| 6 月 | 128 627.4 | −40.9 | 5 699.0 | 331.1 |
| 7 月 | 117 796.4 | −40.3 | 2 363.0 | 136.1 |
| 8 月 | 121 236.0 | −54.1 | 2 290.0 | 109.5 |
| 9 月 | 64 436.2 | −67.9 | 2 047.4 | 127.5 |
| 10 月 | 53 116.8 | −49.0 | 1 725.9 | 214.4 |
| 11 月 | 76 327.0 | −38.4 | 3 860.0 | 328.9 |
| 12 月 | 73 520.6 | −20.0 | 1 708.5 | −48.3 |
| 月份 | 出口金额（万美元） | 同比（%） | 进口金额（万美元） | 同比（%） |
| 1 月 | 2 826.1 | −43.3 | 345.1 | 47.4 |
| 2 月 | 1 995.8 | −55.2 | 673.0 | 264.1 |
| 3 月 | 2 720.4 | −60.4 | 480.8 | 792.3 |
| 4 月 | 4 326.5 | −13.8 | 410.1 | 377.9 |
| 5 月 | 4 007.6 | −38.1 | 331.8 | 188.6 |
| 6 月 | 5 425.9 | −36.1 | 341.4 | 211.0 |
| 7 月 | −41.2 | −40.6 | 214.0 | 69.4 |
| 8 月 | 4 995.2 | −54.1 | 167.4 | 109.5 |
| 9 月 | 2 967.1 | −66.6 | 136.6 | 82.2 |
| 10 月 | 2 530.1 | −48.0 | 117.2 | 170.1 |
| 11 月 | 3 511.3 | −38.1 | 296.8 | 295.8 |
| 12 月 | 3 497.3 | −18.3 | 131.4 | −34.7 |

## 2017 年各月饲料用鱼粉进出口情况

| 月份 | 出口数量（吨） | 同比（%） | 进口数量（吨） | 同比（%） |
|---|---|---|---|---|
| 1 月 | 60.0 | 11 900.0 | 51 569.8 | −25.4 |
| 2 月 | 0.0 | — | 104 066.6 | 379.5 |
| 3 月 | 63.2 | 8.9 | 182 348.9 | 165.2 |
| 4 月 | 0.0 | −100.0 | 158 627.5 | 29.0 |
| 5 月 | 44.5 | −55.1 | 121 434.3 | −8.3 |
| 6 月 | 20.0 | — | 124 293.1 | 18.7 |
| 7 月 | 65.0 | 306.3 | 218 930.0 | 162.1 |
| 8 月 | 0.0 | −100.0 | 240 602.4 | 108.8 |
| 9 月 | 76.0 | 40.7 | 156 803.6 | 21.0 |
| 10 月 | 0.0 | — | 107 032.4 | 35.2 |
| 11 月 | 25.0 | — | 57 142.8 | −17.7 |
| 12 月 | 38.0 | −22.7 | 52 297.7 | 29.4 |
| 月份 | 出口金额（万美元） | 同比（%） | 进口金额（万美元） | 同比（%） |
| 1 月 | 8.7 | 7 037.0 | 7 325.9 | −37.5 |
| 2 月 | 0.0 | — | 15 344.7 | 318.7 |
| 3 月 | 8.8 | 32.6 | 26 497.1 | 144.7 |
| 4 月 | 0.0 | −100.0 | 23 209.4 | 23.9 |
| 5 月 | 5.1 | −57.0 | 17 501.9 | −14.1 |
| 6 月 | 3.2 | — | 17 648.7 | 16.3 |
| 7 月 | 93.3 | 225.5 | 48.8 | 148.9 |
| 8 月 | 0.0 | −100.0 | 33 227.6 | 108.8 |
| 9 月 | 11.0 | 53.4 | 21 439.8 | 1.2 |
| 10 月 | 0.0 | — | 14 683.8 | 15.1 |
| 11 月 | 2.8 | — | 7 808.3 | −26.6 |
| 12 月 | 6.0 | −13.1 | 6 838.0 | 24.9 |

## 2017 年各月蛋氨酸进出口情况

| 月份 | 出口数量（吨） | 同比（%） | 进口数量（吨） | 同比（%） |
|---|---|---|---|---|
| 1 月 | 1 691.6 | 21.8 | 19 225.1 | 33.0 |
| 2 月 | 2 511.0 | 343.3 | 16 760.0 | 49.3 |
| 3 月 | 1 819.7 | 22.5 | 13 048.2 | −21.8 |
| 4 月 | 2 156.8 | 53.0 | 13 724.1 | 10.3 |
| 5 月 | 2 740.5 | 171.7 | 15 521.0 | 11.1 |
| 6 月 | 4 019.6 | 327.5 | 14 874.0 | −6.6 |
| 7 月 | 6 196.7 | 499.7 | 10 027.0 | −41.5 |
| 8 月 | 7 254.7 | 187.9 | 16 503.1 | 14.2 |
| 9 月 | 7 068.7 | 277.4 | 17 764.0 | 18.5 |
| 10 月 | 6 294.9 | 122.6 | 10 730.5 | 4.6 |
| 11 月 | 4 981.5 | −13.0 | 15 628.1 | 22.3 |
| 12 月 | 5 727.1 | 32.5 | 11 497.5 | −13.3 |
| 月份 | 出口金额（万美元） | 同比（%） | 进口金额（万美元） | 同比（%） |
| 1 月 | 546.2 | −16.5 | 4 694.7 | −3.6 |
| 2 月 | 712.8 | 116.9 | 4 273.5 | 14.9 |
| 3 月 | 563.3 | −16.7 | 3 201.3 | −44.2 |
| 4 月 | 576.8 | −3.2 | 3 322.6 | −20.9 |
| 5 月 | 723.3 | 47.5 | 3 579.4 | −19.0 |
| 6 月 | 974.2 | 126.5 | 3 268.5 | −34.0 |
| 7 月 | 53.8 | 232.5 | −26.7 | −62.2 |
| 8 月 | 1 664.7 | 187.9 | 3 335.1 | 14.2 |
| 9 月 | 1 632.9 | 149.2 | 3 927.7 | −16.0 |
| 10 月 | 1 519.4 | 65.5 | 2 746.6 | −7.8 |
| 11 月 | 1 256.2 | −26.1 | 4 287.9 | 22.9 |
| 12 月 | 1 465.4 | 16.3 | 3 016.2 | −9.8 |

## 2017 年各月赖氨酸进出口情况

| 月份 | 出口数量（吨） | 同比（%） | 进口数量（吨） | 同比（%） |
|---|---|---|---|---|
| 1 月 | 28 111.4 | 33.6 | 577.8 | 135.9 |
| 2 月 | 28 468.0 | 16.1 | 239.3 | 85 656.3 |
| 3 月 | 33 221.8 | 11.2 | 241.6 | −45.2 |
| 4 月 | 32 531.1 | 15.6 | 0.0 | −100.0 |
| 5 月 | 27 706.0 | 4.8 | 164.1 | 115.5 |
| 6 月 | 36 213.5 | 16.8 | 0.2 | −99.9 |
| 7 月 | 31 870.5 | 8.2 | 250.7 | 113.2 |
| 8 月 | 35 761.0 | 9.5 | 307.0 | 302.0 |
| 9 月 | 30 306.3 | 2.2 | 171.4 | 5.1 |
| 10 月 | 26 749.5 | 3.8 | 146.3 | 46.3 |
| 11 月 | 30 241.7 | −4.7 | 2.2 | −97.9 |
| 12 月 | 31 745.1 | 26.5 | 0.2 | −100.0 |

| 月份 | 出口金额（万美元） | 同比（%） | 进口金额（万美元） | 同比（%） |
|---|---|---|---|---|
| 1 月 | 2 762.8 | 26.4 | 100.6 | 83.8 |
| 2 月 | 3 005.8 | 19.2 | 44.6 | 17 421.9 |
| 3 月 | 3 557.4 | 10.7 | 48.2 | −38.6 |
| 4 月 | 3 397.1 | 16.5 | 0.6 | −98.6 |
| 5 月 | 3 030.4 | 9.5 | 37.5 | 20.9 |
| 6 月 | 3 789.4 | 10.9 | 1.3 | −98.2 |
| 7 月 | 12.0 | −2.5 | −8.7 | 122.7 |
| 8 月 | 3 811.2 | 9.5 | 82.8 | 302.0 |
| 9 月 | 3 233.6 | −9.5 | 48.7 | 47.3 |
| 10 月 | 2 853.2 | 2.1 | 32.7 | 129.3 |
| 11 月 | 3 356.0 | −1.2 | 4.4 | −79.5 |
| 12 月 | 3 630.0 | 40.0 | 0.5 | −99.6 |

# 第三部分　2017 年全国饲料生产形势分析

## 2017 年 1 月全国饲料生产形势分析

### 一、基本生产情况

1 月，据农业部重点跟踪的 180 家饲料企业统计数据显示，饲料总产量环比下降 11.7%，同比下降 2.3%。从环比来看，春节期间主要畜禽集中出栏及水产饲料淡季，饲料需求下降。其中，水产饲料产量环比降幅最大，下降 30.0%，继续呈现季节性下降，其他各品种饲料产量环比下降在 10% 左右。从同比来看，各品种饲料产量同比有增有降，其中，猪饲料结构性增长明显，仔猪料、母猪料产量同比分别增长 7.7%、6.7%，猪饲料整体同比小幅增长 0.2%，反刍饲料产量同比降幅最大，下降 19.5%（图 1、图 2、图 3）。

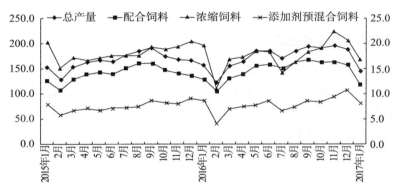

图 1　2015 年 1 月至 2017 年 1 月 180 家饲料企业产量月度走势（万吨）
注：浓缩饲料和添加剂预混合饲料参考右侧刻度值

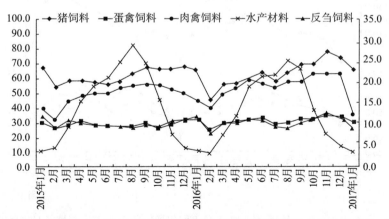

图 2　2015 年 1 月至 2017 年 1 月 180 家饲料企业不同品种饲料产量月度走势（万吨）
注：水产饲料和反刍饲料参考右侧刻度值

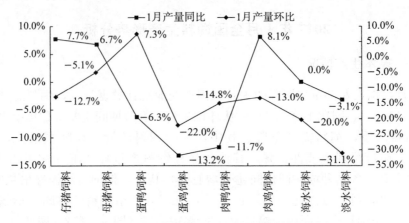

图 3  2017 年 1 月 180 家饲料企业不同品种饲料产量同比、环比
注：环比参考右侧刻度值

## 二、不同规模企业情况

1 月不同规模企业环比情况：月产 1 万吨以上的企业产量环比下降 10.4％，月产 0.5 万～1 万吨的企业产量环比下降 8.7％，月产 0.5 万吨以下的企业产量环比下降 19.6％。

1 月不同规模企业同比情况：月产 1 万吨以上的企业产量同比增长 1.0％，月产 0.5 万～1 万吨的企业产量同比下降 3.0％，月产 0.5 万吨以下的企业产量同比下降 13.9％（图 4）。

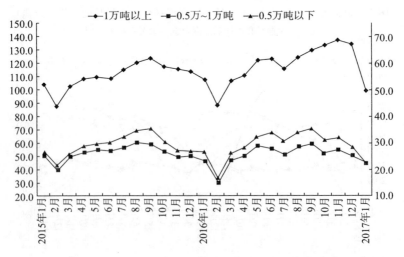

图 4  2015 年 1 月至 2017 年 1 月不同规模饲料企业产量走势（万吨）
注：0.5 万～1 万吨和 0.5 万吨以下企业产量参考右侧刻度值

### 三、饲料原料采购价格情况

1 月，主要饲料原料和饲料添加剂\*价格环比均下跌，其中，玉米价格跌幅最大，环比下降 4.8%，进口鱼粉价格跌幅最小，环比下降 0.2%。价格同比有涨有跌，主要粮类价格同比均呈上涨态势，其中，豆粕价格同比增长 27.5%，赖氨酸（98.5%、65%）价格同比涨幅最大，分别增长 41.3%、43.9%，蛋氨酸（固体、液体）价格同比跌幅最大，分别下降 22.1%、15.8%（表 1、表 2、图 5、图 6）。

**表 1　饲料原料采购均价变化**

单位：元/千克、%

| 项　　目 | 玉米 | 豆粕 | 棉粕 | 菜粕 | 麦麸 | 进口鱼粉 |
|---|---|---|---|---|---|---|
| 2017 年 1 月 | 1.78 | 3.48 | 2.97 | 2.44 | 1.63 | 11.91 |
| 环比 | −4.8 | −0.6 | −0.7 | −0.4 | −4.1 | −0.2 |
| 同比 | −12.7 | 27.5 | 13.4 | 22.6 | 24.4 | −5.6 |

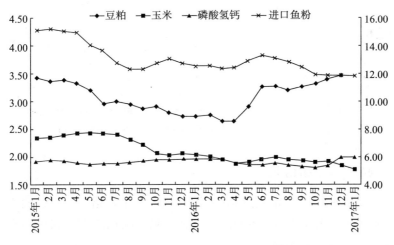

图 5　2015 年 1 月至 2017 年 1 月饲料大宗原料月度采购均价走势（元/千克）

注：进口鱼粉价格参考右侧刻度值

---

\*　主要饲料原料和饲料添加剂包括玉米、豆粕、棉粕、菜粕、麦麸、进口鱼粉、磷酸氢钙、赖氨酸（98.5%）、赖氨酸（65%）、蛋氨酸（固体）、蛋氨酸（液体）。

表 2　饲料添加剂采购均价变化

单位：元/千克、%

| 项　目 | 磷酸氢钙 | 赖氨酸<br>（98.5%） | 赖氨酸<br>（65%） | 蛋氨酸<br>（固体） | 蛋氨酸<br>（液体） |
|---|---|---|---|---|---|
| 2017 年 1 月 | 1.99 | 10.92 | 6.85 | 25.78 | 21.92 |
| 环比 | −0.5 | −3.4 | −1.4 | −0.8 | −1.5 |
| 同比 | 1.5 | 41.3 | 43.9 | −22.1 | −15.8 |

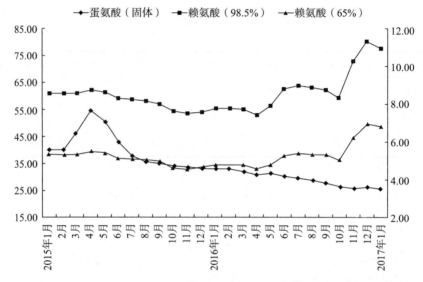

图 6　2015 年 1 月至 2017 年 1 月赖氨酸、蛋氨酸月度采购均价走势（元/千克）

注：赖氨酸（98.5%）和赖氨酸（65%）价格参考右侧刻度值

## 四、饲料产品价格情况 *

1 月，各品种饲料产品价格环比有涨有跌，其中，猪、蛋鸡、肉鸡配合饲料价格环比分别下降 0.3%、0.4%、0.6%，猪、蛋鸡浓缩饲料价格环比分别

---

　　* 文中以育肥猪配合饲料、育肥猪浓缩饲料、4%大猪添加剂预混合饲料价格走势分别代表猪配合饲料、猪浓缩饲料、猪添加剂预混合饲料价格走势，以蛋鸡高峰配合饲料、蛋鸡高峰浓缩饲料、5%蛋鸡高峰添加剂预混合饲料价格走势代表蛋禽配合饲料、蛋禽浓缩饲料、蛋禽添加剂预混合饲料价格走势，以肉大鸡配合饲料、肉大鸡浓缩饲料、5%肉大鸡添加剂预混合饲料价格走势代表肉禽配合饲料、肉禽浓缩饲料、肉禽添加剂预混合饲料价格走势，以鲤鱼成鱼配合饲料价格走势代表水产配合饲料价格走势，故仅供趋势性参考。

下降 0.4％、0.3％，肉鸡浓缩饲料价格环比增长 0.5％，猪、蛋鸡添加剂预混合饲料价格环比均增长 0.2％，肉鸡添加剂预混合饲料价格环比持平（表 3、表 4、图 7、图 8、图 9）。

### 表3 配合饲料全国平均价格

单位：元/千克、％

| 项 目 | 配合饲料 | | | |
| --- | --- | --- | --- | --- |
| | 育肥猪 | 蛋鸡高峰 | 肉大鸡 | 鲤鱼成鱼 |
| 2017 年 1 月 | 3.14 | 2.83 | 3.13 | 4.05 |
| 环比 | −0.3 | −0.4 | −0.6 | −0.5 |
| 同比 | 0.6 | −1.7 | −0.9 | 0.2 |

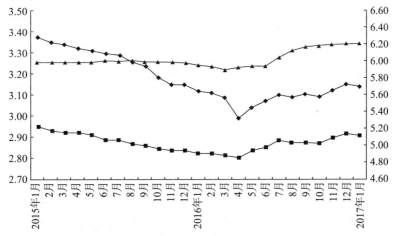

图 7 猪饲料价格走势（元/千克）

注：大猪浓缩饲料（育肥猪）和大猪添加剂预混合饲料（4％大猪）价格参考右侧刻度值

### 表4 浓缩饲料和添加剂预混合饲料全国平均价格

单位：元/千克、％

| 项 目 | 浓缩饲料 | | | 添加剂预混合饲料 | | |
| --- | --- | --- | --- | --- | --- | --- |
| | 育肥猪 | 蛋鸡高峰 | 肉大鸡 | 4％大猪 | 5％蛋鸡高峰 | 5％肉大鸡 |
| 2017 年 1 月 | 5.12 | 3.84 | 4.29 | 6.20 | 5.48 | 5.90 |
| 环比 | −0.4 | −0.3 | 0.5 | 0.2 | 0.2 | 0.0 |
| 同比 | 4.3 | 2.7 | 3.1 | 4.2 | 4.2 | 1.7 |

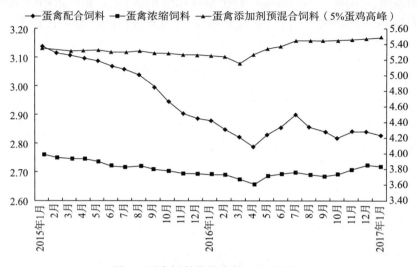

图 8　蛋禽饲料价格走势（元/千克）

注：蛋禽浓缩饲料和蛋禽添加剂预混合饲料（5％蛋鸡高峰）价格参考右侧刻度值

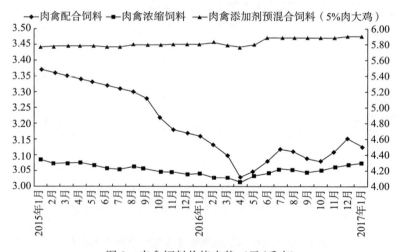

图 9　肉禽饲料价格走势（元/千克）

注：肉禽浓缩饲料和肉禽添加剂预混合饲料（5％肉大鸡）价格参考右侧刻度值

**五、本月饲料和畜牧行业值得关注的情况**

1. 猪饲料。1月，全国批发市场毛猪平均价格为 19.79 元/千克，环比增
长 8.1％，同比增长 11.9％。春节前全国猪肉消费需求上涨，部分地区虽相继

投放储备肉，但由于生猪供应总体相对不足，猪价持续上涨。因春节前生猪出栏较为集中，养殖场 1 月前基本已提前备货，饲料需求下降明显，本月猪饲料产量环比下降 10.6%，同比增长 0.2%。

2. 蛋禽饲料。1 月，全国批发市场鸡蛋平均价格为 6.68 元/千克，环比下降 6.4%，同比下降 19.9%。本月受禽流感疫情持续影响，居民鸡蛋消费有所顾忌，消费需求增量不大，鸡蛋供应整体处于宽松状态，鸡蛋价格出现较大跌幅，蛋禽养殖行业基本进入亏损期，养殖户补栏积极性下降，淘汰量增加，蛋禽饲料产量需求环比下降 9.1%，同比下降 5.1%。

3. 肉禽饲料。1 月，全国批发市场活鸡平均价格为 19.02 元/千克，环比增长 4.6%，同比下降 0.1%。春节前肉禽消费有所增加，活鸡价格逐步上涨，但在春节后需求回落，以及在禽流感疫情持续影响下，活鸡价格逐步下跌，养殖户补栏积极性下降，本月饲料产量环比下降 12.5%，同比增长 0.8%。

4. 水产饲料。1 月，全国批发市场鲤鱼平均价格为 11.34 元/千克，环比增长 0.6%，同比下降 4.3%；草鱼平均价格为 12.78 元/千克，环比增长 1.2%，同比增长 7.5%；带鱼平均价格为 36.08 元/千克，环比增长 8.4%，同比增长 22.1%。春节前水产品需求增加，但主要淡水产品出塘数量依旧不足，价格总体小幅上涨。本月水产养殖市场继续呈现季节性萎缩，除部分大棚温室养殖外，其余地区大都休市停养，水产饲料需求环比大幅下降 28.0%，同比下降 2.8%。

5. 反刍饲料。1 月，全国批发市场牛肉平均价格为 54.18 元/千克，环比增长 1.8%，同比下降 15.3%；羊肉平均价格为 45.55 元/千克，环比增长 2.4%，同比下降 2.5%。冬季进入牛羊肉主要消费阶段，尤其春节前消费增量明显，价格小幅上涨。春节前肉牛、肉羊出栏量增加，奶牛养殖处于冬季生产淡季，加之部分燃煤饲料企业因环保问题阶段性停产，本月反刍饲料产量环比下降 19.5%，同比下降 16.7%。

# 2017 年 2 月全国饲料生产形势分析

## 一、基本生产情况

2 月，据农业部重点跟踪的 180 家饲料企业统计数据显示，饲料总产量环比下降 13.0%，同比增长 13.9%。从环比情况来看，本月除水产饲料产量环比上涨 19.4% 之外，其他各品种饲料需求下降明显，其中，肉禽饲料产量环比降幅最小，下降 6.0%，其他各品种饲料环比降幅均在 15% 以上，主要因春节备货，出现阶段性需求下降。从同比情况来看，除反刍饲料产量同比下降 6.3% 之外，其他品种饲料同比均呈现上涨，产量同比增长与春节时间提前、本年度养殖启动时间早于往年有关（图 1、图 2、图 3）。

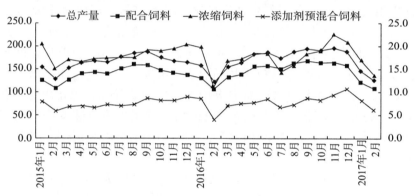

图 1    2015 年 1 月至 2017 年 2 月 180 家饲料企业产量月度走势（万吨）

注：浓缩饲料和添加剂预混合饲料参考右侧刻度值

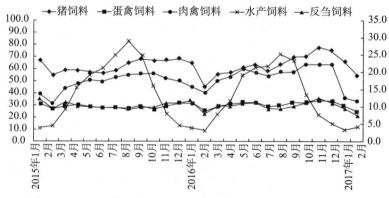

图 2    2015 年 1 月至 2017 年 2 月 180 家饲料企业不同品种饲料产量月度走势（万吨）

注：水产饲料和反刍饲料参考右侧刻度值

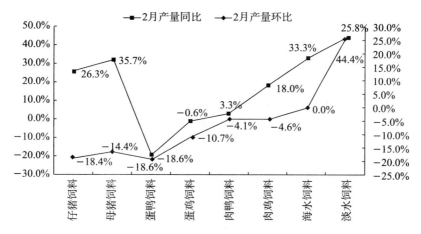

图 3　2017 年 2 月 180 家饲料企业不同品种饲料产量同比、环比

注：环比参考右侧刻度值

## 二、不同规模企业情况

2 月不同规模企业环比情况：月产 1 万吨以上的企业产量环比下降 9.6％，月产 0.5 万～1 万吨的企业产量环比下降 17.9％，月产 0.5 万吨以下的企业产量环比下降 19.2％。

2 月不同规模企业同比情况：月产 1 万吨以上的企业产量同比增长 14.5％，月产 0.5 万～1 万吨的企业产量同比增长 13.4％，月产 0.5 万吨以下的企业产量同比增长 12.3％（图 4）。

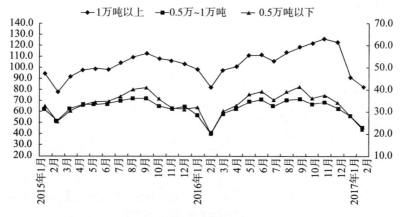

图 4　2015 年 1 月至 2017 年 2 月不同规模饲料企业产量走势（万吨）

注：0.5 万～1 万吨和 0.5 万吨以下企业产量参考右侧刻度值

### 三、饲料原料采购价格情况

2 月，主要饲料原料和饲料添加剂价格同比、环比有增有降。环比中，除麦麸价格环比增长 2.5％之外，其他品种价格环比均下跌，其中，赖氨酸（98.5％、65.0％）价格环比跌幅最大，分别下降 19.3％、22.2％，菜粕、进口鱼粉和磷酸氢钙价格环比跌幅均小于 1.0％，分别下跌 0.4％、0.5％、0.5％。同比中，麦麸价格同比增幅最大，增长 28.5％，蛋氨酸（固体、液体）跌幅最大，分别下降 25.8％、18.8％（表 1、表 2、图 5、图 6）。

**表 1　饲料原料采购均价变化**

单位：元/千克、%

| 项　　目 | 玉米 | 豆粕 | 棉粕 | 菜粕 | 麦麸 | 进口鱼粉 |
|---|---|---|---|---|---|---|
| 2017 年 2 月 | 1.73 | 3.38 | 2.94 | 2.43 | 1.67 | 11.85 |
| 环比 | −2.8 | −2.9 | −1.0 | −0.4 | 2.5 | −0.5 |
| 同比 | −13.9 | 22.9 | 13.1 | 20.3 | 28.5 | −5.9 |
| 2017 年 1～2 月 | 1.76 | 3.43 | 2.96 | 2.44 | 1.65 | 11.88 |
| 累计同比 | 13.3 | 25.2 | 13.4 | 21.4 | 26.0 | −5.8 |

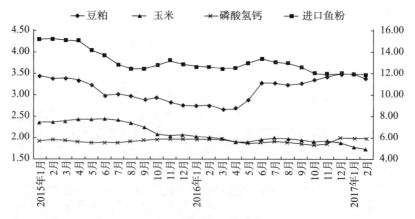

图 5　2015 年 1 月至 2017 年 2 月饲料大宗原料月度采购均价走势（元/千克）

注：进口鱼粉价格参考右侧刻度值

表 2 饲料添加剂采购均价变化

单位：元/千克、%

| 项　目 | 磷酸氢钙 | 赖氨酸<br>（98.5%） | 赖氨酸<br>（65%） | 蛋氨酸<br>（固体） | 蛋氨酸<br>（液体） |
|---|---|---|---|---|---|
| 2017 年 2 月 | 1.98 | 8.81 | 5.33 | 24.41 | 21.06 |
| 环比 | −0.5 | −19.3 | −22.2 | −5.3 | −3.9 |
| 同比 | 1.0 | 13.4 | 12.0 | −25.8 | −18.8 |
| 2017 年 1～2 月 | 1.99 | 9.87 | 6.09 | 25.10 | 21.49 |
| 累计同比 | 1.5 | 27.4 | 27.9 | −24.0 | −17.3 |

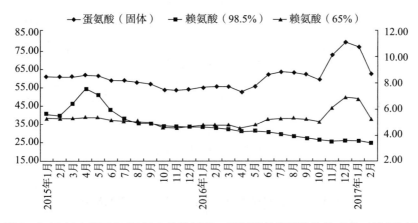

图 6　2015 年 1 月至 2017 年 2 月赖氨酸、蛋氨酸月度采购均价走势（元/千克）<br>注：赖氨酸（98.5%）和赖氨酸（65%）价格参考右侧刻度值

## 四、饲料产品价格情况

2 月，各品种饲料产品价格环比中，猪、蛋鸡、肉鸡配合饲料价格环比分别下降 1.0%、1.1%、0.6%，猪、蛋鸡、肉鸡浓缩饲料价格环比分别下降 0.6%、1.3%、0.7%，猪、蛋鸡添加剂预混合饲料价格环比均下降 0.5%，肉鸡添加剂预混合饲料价格环比持平（表 3、表 4、图 7、图 8、图 9）。

### 表 3　配合饲料全国平均价格

单位：元/千克、%

| 项　目 | 配合饲料 | | | |
| --- | --- | --- | --- | --- |
| | 育肥猪 | 蛋鸡高峰 | 肉大鸡 | 鲤鱼成鱼 |
| 2017 年 2 月 | 3.11 | 2.80 | 3.11 | 4.01 |
| 环比 | −1.0 | −1.1 | −0.6 | −1.0 |
| 同比 | 0.0 | −1.8 | −0.6 | −0.5 |
| 2017 年 1～2 月 | 3.13 | 2.82 | 3.12 | 4.03 |
| 累计同比 | 0.3 | −1.7 | −1.0 | −0.2 |

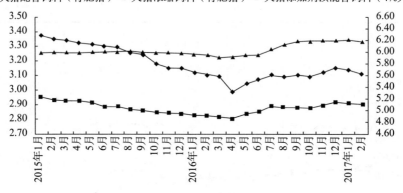

图 7　猪饲料价格走势（元/千克）

注：大猪浓缩饲料（育肥猪）和大猪添加剂预混合饲料（4％大猪）价格参考右侧刻度值

### 表 4　浓缩饲料和添加剂预混合饲料全国平均价格

单位：元/千克、%

| 项　目 | 浓缩饲料 | | | 添加剂预混合饲料 | | |
| --- | --- | --- | --- | --- | --- | --- |
| | 育肥猪 | 蛋鸡高峰 | 肉大鸡 | 4％大猪 | 5％蛋鸡高峰 | 5％肉大鸡 |
| 2017 年 2 月 | 5.09 | 3.79 | 4.26 | 6.17 | 5.45 | 5.90 |
| 环比 | −0.6 | −1.3 | −0.7 | −0.5 | −0.5 | 0.0 |
| 同比 | 3.7 | 1.6 | 3.4 | 3.9 | 3.8 | 1.5 |
| 2017 年 1～2 月 | 5.11 | 3.82 | 4.28 | 6.19 | 5.47 | 5.90 |
| 累计同比 | 4.1 | 2.1 | 3.4 | 4.0 | 4.0 | 1.5 |

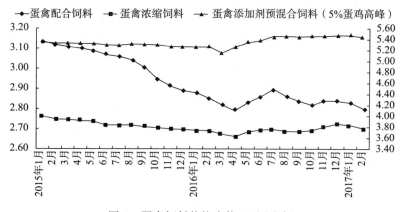

图 8　蛋禽饲料价格走势（元/千克）

注：蛋禽浓缩饲料和蛋禽添加剂预混合饲料（5％蛋鸡高峰）价格参考右侧刻度值

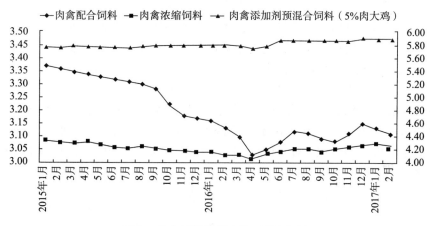

图 9　肉禽饲料价格走势（元/千克）

注：肉禽浓缩饲料和肉禽添加剂预混合饲料（5％肉大鸡）价格参考右侧刻度值

### 五、本月饲料和畜牧行业值得关注的情况

1. 猪饲料。2 月，全国批发市场毛猪平均价格为 19.23 元/千克，环比下降 2.8％，同比增长 5.2％。春节后猪肉消费进入阶段性淡季，生猪屠宰企业春节后压价与养殖户惜售博弈加剧，在整体需求不振的情况下，生猪价格震荡下调。饲料需求上，因春节前备货影响，2 月猪饲料需求呈阶段性下降，产量环比下降 15.7％，同时，因 2017 年春节提前，养殖启动时间较早，饲料需求较 2016 年同期增加明显，产量同比增长 22.0％。

2. 蛋禽饲料。2月，全国批发市场鸡蛋平均价格为 5.83 元/千克，环比下降 12.7%，同比下降 31.7%。受人感染 H7N9 流感病例增加的影响，居民禽蛋消费信心受挫，加之春节后消费淡季，鸡蛋价格出现阶段性大幅下降。本月蛋禽养殖仍处于生产淡季，产量环比继续下降，同时，受春节提前及本月蛋鸡淘汰进度放缓影响，饲料产量同比增长 2.0%。

3. 肉禽饲料。2月，全国批发市场活鸡平均价格为 18.54 元/千克，环比下降 2.5%，同比增长 2.0%。春节后进入阶段性消费淡季，部分地区受禽流感疫情影响，相继关闭活禽市场，禽肉消费抵触心理明显，活鸡价格继续下跌。除合作社养殖户影响不大之外，大部分养殖户亏损，补栏积极性下降，饲料产量环比继续下降。

4. 水产饲料。2月，全国批发市场鲤鱼平均价格为 11.13 元/千克，环比下降 1.9%，同比下降 8.0%；草鱼平均价格为 13.31 元/千克，环比增长 4.1%，同比增长 8.5%；带鱼平均价格为 36.62 元/千克，环比增长 1.5%，同比增长 14.3%。国内水产养殖继续处于淡季，主要淡水产品出塘量下降，市场供应偏紧，价格总体小幅上涨。本月气温高于上年度同期水平，部分地区水产养殖投苗有启动迹象，饲料需求同比、环比均出现不同幅度上涨。

5. 反刍饲料。2月，全国批发市场牛肉平均价格为 54.01 元/千克，环比下降 0.3%，同比下降 0.8%；羊肉平均价格为 46.23 元/千克，环比增长 1.5%，同比下降 2.0%。春节后，牛羊肉消费高峰基本结束，牛羊肉价格呈现趋稳态势。奶牛养殖继续处于生产淡季，反刍养殖出现口蹄疫疫情风险增加，肉牛、肉羊补栏积极性下降，同时，受春节前备货影响，饲料需求环比继续下降。

# 2017 年 3 月全国饲料生产形势分析

## 一、基本生产情况

3 月，据农业部重点跟踪的 180 家饲料企业统计数据显示，饲料总产量环比增长 18.0%，同比增长 3.8%。环比情况，本月各品种饲料产量环比均呈现 10% 以上增长，其中，猪饲料产量环比增长 20.7%，蛋禽饲料、肉禽饲料和反刍饲料产量环比分别增长 11.1%、10.2%、29.7%，主要因为禽类、反刍动物养殖进入生产旺季和补栏期，水产饲料呈季节性增长态势，环比增长 66.7%。同比情况，猪饲料产量同比增长 18.8%，其他主要品种饲料同比均呈现不同幅度下降，主要因为前期禽类养殖亏损，补栏减少或推迟，部分地区环保导致停产和水域禁养（图 1、图 2、图 3）。

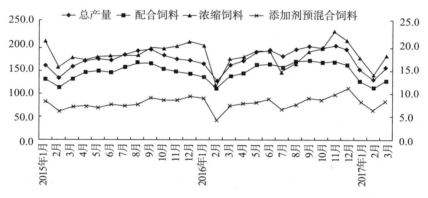

图 1 2015 年 1 月至 2017 年 3 月 180 家饲料企业产量月度走势（万吨）

注：浓缩饲料和添加剂预混合饲料参考右侧刻度值

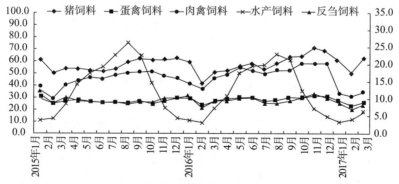

图 2 2015 年 1 月至 2017 年 3 月 180 家饲料企业不同品种饲料产量月度走势（万吨）

注：水产饲料和反刍饲料参考右侧刻度值

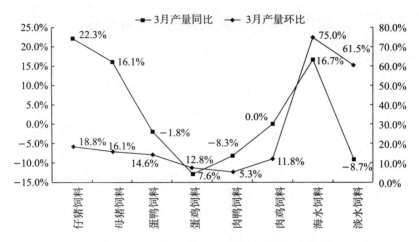

图 3　2017 年 3 月 180 家饲料企业不同品种饲料产量同比、环比

注：环比参考右侧刻度值

## 二、不同规模企业情况

3 月不同规模企业环比情况：月产 1 万吨以上的企业产量环比增长 15.5%，月产 0.5 万~1 万吨的企业产量环比增长 25.1%，月产 0.5 万吨以下的企业产量环比增长 24.0%。

3 月不同规模企业同比情况：月产 1 万吨以上的企业产量同比增长 8.6%，月产 0.5 万~1 万吨的企业产量同比下降 8.8%，月产 0.5 万吨以下的企业产量同比下降 3.7%（图 4）。

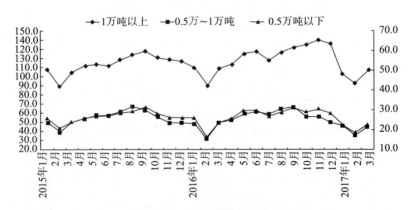

图 4　2015 年 1 月至 2017 年 3 月不同规模饲料企业产量走势（万吨）

注：0.5 万~1 万吨和 0.5 万吨以下企业产量参考右侧刻度值

### 三、饲料原料采购价格情况

3月，主要饲料原料和饲料添加剂价格同比、环比有增有降。环比中，除玉米价格环比持平，赖氨酸（98.5％）价格环比增长 0.3％之外，在供应充裕而需求不足的情况下，其他品种价格均下跌，其中，磷酸氢钙价格下跌幅度最大，环比下降 4.0％，蛋氨酸（固体、液体）价格环比分别下降 3.9％、3.8％，豆粕价格环比下降 2.7％。同比中，麦麸价格同比涨幅最大，增长 35.5％，蛋氨酸（固体、液体）价格维持较大跌幅，分别下降 27.3％、19.8％，玉米价格同比下降 11.7％（表 1、表 2、图 5、图 6）。

**表 1　饲料原料采购均价变化**

单位：元/千克、%

| 项　　目 | 玉米 | 豆粕 | 棉粕 | 菜粕 | 麦麸 | 进口鱼粉 |
|---|---|---|---|---|---|---|
| 2017 年 3 月 | 1.73 | 3.29 | 2.92 | 2.42 | 1.64 | 11.83 |
| 环比 | 0.0 | −2.7 | −0.7 | −0.4 | −1.8 | −0.2 |
| 同比 | −11.7 | 23.7 | 13.2 | 26.0 | 35.5 | −4.9 |
| 2017 年 1～3 月 | 1.75 | 3.38 | 2.94 | 2.43 | 1.65 | 11.86 |
| 累计同比 | −12.5 | 24.7 | 13.1 | 22.7 | 29.9 | −5.5 |

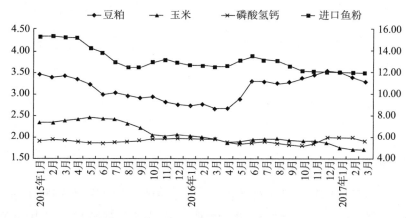

**图 5　2015 年 1 月至 2017 年 3 月饲料大宗原料月度采购均价走势（元/千克）**

注：进口鱼粉价格参考右侧刻度值

### 表 2　饲料添加剂采购均价变化

单位：元/千克、%

| 项　　目 | 磷酸氢钙 | 赖氨酸（98.5%） | 赖氨酸（65%） | 蛋氨酸（固体） | 蛋氨酸（液体） |
|---|---|---|---|---|---|
| 2017 年 3 月 | 1.90 | 8.84 | 5.28 | 23.45 | 20.27 |
| 环比 | −4.0 | 0.3 | −0.9 | −3.9 | −3.8 |
| 同比 | −2.6 | 14.5 | 11.2 | −27.3 | −19.8 |
| 2017 年 1～3 月 | 1.96 | 9.52 | 5.82 | 24.55 | 21.08 |
| 累计同比 | 0.0 | 23.0 | 22.3 | −25.1 | −18.1 |

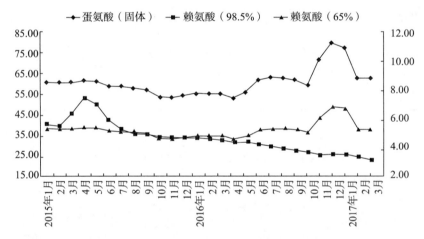

图 6　2015 年 1 月至 2017 年 3 月赖氨酸、蛋氨酸月度采购均价走势（元/千克）
注：赖氨酸（98.5%）和赖氨酸（65%）价格参考右侧刻度值

## 四、饲料产品价格情况

3 月，各品种饲料产品价格环比中，猪、蛋鸡、肉鸡配合饲料价格环比分别下降 0.3%、0.7%、0.6%，猪、蛋鸡、肉鸡浓缩饲料价格环比分别下降 1.0%、0.5%、0.2%，猪、蛋鸡、肉鸡添加剂预混合饲料价格环比分别增长 0.3%、0.4%、0.2%（表 3、表 4、图 7、图 8、图 9）。

### 表3  配合饲料全国平均价格

单位：元/千克、%

| 项　目 | 配合饲料 | | | |
| --- | --- | --- | --- | --- |
| | 育肥猪 | 蛋鸡高峰 | 肉大鸡 | 鲤鱼成鱼 |
| 2017年3月 | 3.10 | 2.78 | 3.09 | 4.03 |
| 环比 | −0.3 | −0.7 | −0.6 | 0.5 |
| 同比 | 0.3 | −1.4 | −0.3 | 1.5 |
| 2017年1～3月 | 3.12 | 2.80 | 3.11 | 4.03 |
| 累计同比 | 0.3 | −1.8 | −0.6 | 0.5 |

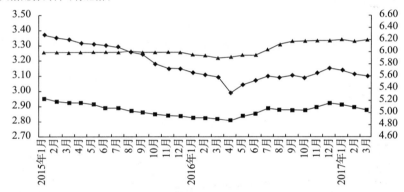

图7  猪饲料价格走势（元/千克）

注：大猪浓缩饲料（育肥猪）和大猪添加剂预混合饲料（4%大猪）价格参考右侧刻度值

### 表4  浓缩饲料和添加剂预混合饲料全国平均价格

单位：元/千克、%

| 项　目 | 浓缩饲料 | | | 添加剂预混合饲料 | | |
| --- | --- | --- | --- | --- | --- | --- |
| | 育肥猪 | 蛋鸡高峰 | 肉大鸡 | 4%大猪 | 5%蛋鸡高峰 | 5%肉大鸡 |
| 2017年3月 | 5.04 | 3.77 | 4.25 | 6.19 | 5.47 | 5.91 |
| 环比 | −1.0 | −0.5 | −0.2 | 0.3 | 0.4 | 0.2 |
| 同比 | 3.1 | 2.4 | 3.4 | 4.9 | 6.0 | 2.1 |
| 2017年1～3月 | 5.08 | 3.80 | 4.27 | 6.19 | 5.47 | 5.90 |
| 累计同比 | 3.7 | 2.2 | 3.4 | 4.4 | 4.8 | 1.7 |

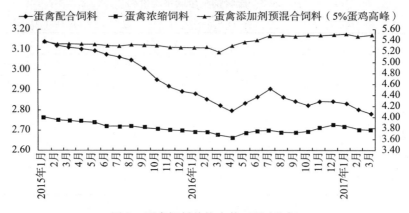

图 8　蛋禽饲料价格走势（元/千克）

注：蛋禽浓缩饲料和蛋禽添加剂预混合饲料（5%蛋鸡高峰）价格参考右侧刻度值

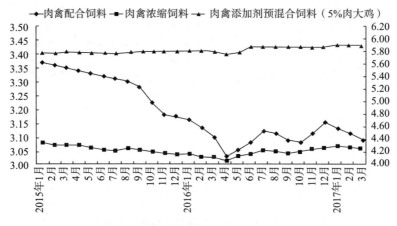

图 9　肉禽饲料价格走势（元/千克）

注：肉禽浓缩饲料和肉禽添加剂预混合饲料（5%肉大鸡）价格参考右侧刻度值

### 五、本月饲料和畜牧行业值得关注的情况

1. 猪饲料。3 月，全国批发市场毛猪平均价格为 17.64 元/千克，环比下降 8.3%，同比下降 9.1%。本月消费有所回升，但生猪市场整体供应充足，月初猪价持续下跌。下旬养殖户惜售情绪加剧，加之清明节有助消费，屠宰企业被迫提价收购，猪价止跌回升后趋稳。饲料需求上，3 月养殖市场整体处于恢复阶段，农业部公布的 2 月生猪存栏降幅收窄，利好饲料需求，月度猪饲料产量环比增长 20.7%。

2. 蛋禽饲料。3 月，全国批发市场鸡蛋平均价格为 5.51 元/千克，环比下降 5.5%，同比下降 23.5%。本月下旬，H7N9 流感疫情对蛋禽养殖影响逐渐减弱，禽蛋消费量小幅提升，鸡蛋价格逐步上涨，但同时，蛋禽进入生产旺季，蛋品供应充足，价格上涨受到抑制。饲料需求上，本月疫情减弱，蛋价回升，蛋禽补栏逐步提升，加之蛋禽进入生产旺季，月度蛋禽饲料产量环比增长 11.1%。

3. 肉禽饲料。3 月，全国批发市场活鸡平均价格为 17.92 元/千克，环比下降 3.3%，同比下降 3.7%。本月下旬，H7N9 流感疫情负面影响逐步减弱，肉禽产品消费类有所回升，但受制于恢复时间有限，肉毛鸡供应依旧宽松的情况下，价格回升幅度有限。饲料需求上，本月疫情减弱，鸡价和气温逐步回升，肉禽养殖补栏积极性提高，补栏量逐步增加，月度肉禽饲料产量环比增长 10.2%。

4. 水产饲料。3 月，全国批发市场鲤鱼平均价格为 10.87 元/千克，环比下降 2.3%，同比下降 7.4%；草鱼平均价格为 13.97 元/千克，环比增长 5.0%，同比增长 15.9%；带鱼平均价格为 35.22 元/千克，环比下降 3.8%，同比增长 14.2%。本月主要淡水产品价格继续上涨，主要是处于供应短缺期，市场供应能力下降所致。饲料需求上，本月水产养殖由南向北逐步启动，投苗量逐步增加，存塘量提高，月度水产饲料呈季节性增长，产量环比增长 66.7%。

5. 反刍饲料。3 月，全国批发市场牛肉平均价格为 53.55 元/千克，环比下降 0.9%，同比下降 0.3%；羊肉平均价格为 46.26 元/千克，环比增长 0.1%，同比下降 0.7%。本月牛羊肉供需消费基本平衡，月度均价稳中小幅调整。饲料需求上，本月反刍养殖市场逐步恢复，奶牛、肉牛、肉羊补栏小幅回升，奶牛进入春季生产旺季，月度饲料需求环比增长 29.7%。

## 2017 年 4 月全国饲料生产形势分析

### 一、基本生产情况

4 月，据农业部重点跟踪的 180 家饲料企业统计数据显示，饲料总产量环比增长 4.2%，同比增长 1.8%。环比情况，本月各品种饲料产量环比涨跌互现，其中，猪饲料、蛋禽饲料、反刍饲料产量环比分别下降 2.1%、3.9%、1.0%，肉禽养殖行情适度调整后补栏有所回升，环比增长 10.1%、水产饲料保持季节性增长态势，产量环比增长 70.0%。同比情况，猪饲料、水产饲料产量同比增长 16.5%、1.7%，其他主要品种饲料产量同比均呈现不同幅度下降（图 1、图 2、图 3）。

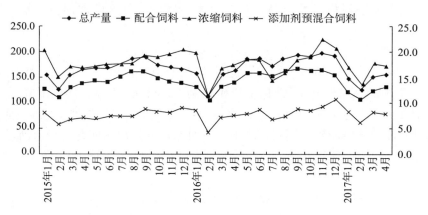

图 1　2015 年 1 月至 2017 年 4 月 180 家饲料企业产量月度走势（万吨）

注：浓缩饲料和添加剂预混合饲料参考右侧刻度值

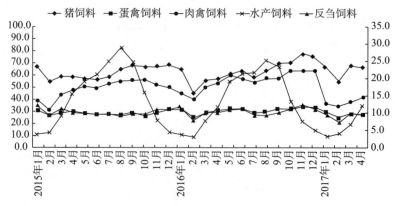

图 2　2015 年 1 月至 2017 年 4 月 180 家饲料企业不同品种饲料产量月度走势（万吨）

注：水产饲料和反刍饲料参考右侧刻度值

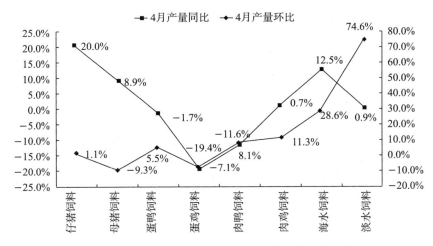

图 3　2017 年 4 月 180 家饲料企业不同品种饲料产量同比、环比

注：环比参考右侧刻度值

## 二、不同规模企业情况

4 月不同规模企业环比情况：月产 1 万吨以上的企业产量环比增长 4.6%，月产 0.5 万~1 万吨的企业产量环比增长 5.5%，月产 0.5 万吨以下的企业产量环比增长 0.6%。

4 月不同规模企业同比情况：月产 1 万吨以上的企业产量同比下降 2.4%，月产 0.5 万~1 万吨的企业产量同比下降 1.5%，月产 0.5 万吨以下的企业产量同比下降 17.4%（图 4）。

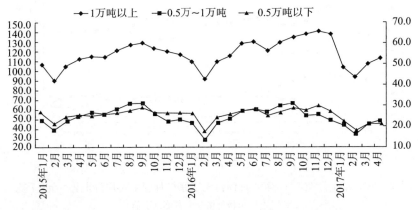

图 4　2015 年 1 月至 2017 年 4 月不同规模饲料企业产量走势（万吨）

注：0.5 万~1 万吨和 0.5 万吨以下企业产量参考右侧刻度值

### 三、饲料原料采购价格情况

4月，主要饲料原料和饲料添加剂价格同比、环比有增有降。环比中，因优质粮源略显不足，玉米价格环比增长 2.3%，同时受此影响赖氨酸（98.5%）、赖氨酸（65%）价格环比分别增长 3.2%、2.8%，其他原料在总体供应充裕，而养殖扩充需求有限的情况下均下跌，其中，磷酸氢钙价格下跌幅度最大，环比下降 3.7%，蛋氨酸（固体、液体）价格环比均下降 2.0%，豆粕价格环比下降 2.4%。同比中，麦麸价格同比涨幅最大，增长 40.5%，蛋氨酸（固体、液体）维持较大跌幅，价格分别下降 25.7%、19.0%，玉米价格同比下降 6.3%（表1、表2、图5、图6）。

**表 1    饲料原料采购均价变化**

单位：元/千克、%

| 项　目 | 玉米 | 豆粕 | 棉粕 | 菜粕 | 麦麸 | 进口鱼粉 |
|---|---|---|---|---|---|---|
| 2017 年 4 月 | 1.77 | 3.21 | 2.89 | 2.41 | 1.63 | 11.74 |
| 环比 | 2.3 | −2.4 | −1.0 | −0.4 | −0.6 | −0.8 |
| 同比 | −6.3 | 20.2 | 17.0 | 24.2 | 40.5 | −5.9 |
| 2017 年 1~4 月 | 1.75 | 3.34 | 2.93 | 2.43 | 1.64 | 11.83 |
| 累计同比 | −11.6 | 23.7 | 14.0 | 23.4 | 31.2 | −5.6 |

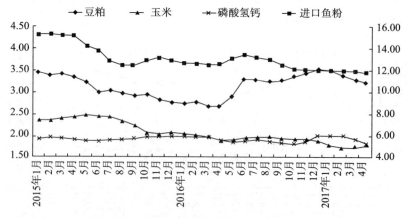

**图 5    2015 年 1 月至 2017 年 4 月饲料大宗原料月度采购均价走势（元/千克）**

注：进口鱼粉价格参考右侧刻度值

### 表 2　饲料添加剂采购均价变化

单位：元/千克、%

| 项　目 | 磷酸氢钙 | 赖氨酸（98.5%） | 赖氨酸（65%） | 蛋氨酸（固体） | 蛋氨酸（液体） |
|---|---|---|---|---|---|
| 2017 年 4 月 | 1.83 | 9.12 | 5.43 | 22.97 | 19.86 |
| 环比 | −3.7 | 3.2 | 2.8 | −2.0 | −2.0 |
| 同比 | −3.7 | 23.1 | 18.8 | −25.7 | −19.0 |
| 2017 年 1~4 月 | 1.93 | 9.42 | 5.72 | 24.15 | 20.78 |
| 累计同比 | −0.5 | 23.0 | 21.4 | −25.2 | −18.3 |

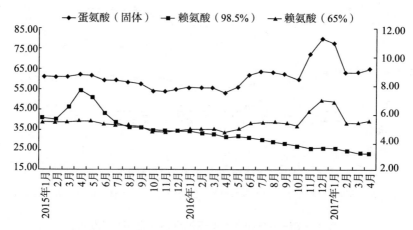

图 6　2015 年 1 月至 2017 年 4 月赖氨酸、蛋氨酸月度采购均价走势（元/千克）

注：赖氨酸（98.5%）和赖氨酸（65%）价格参考右侧刻度值

### 四、饲料产品价格情况

4 月，各品种饲料产品价格环比均出现小幅下跌，其中，猪、蛋鸡、肉鸡配合饲料价格环比分别下降 0.3%、0.4%、0.6%，猪、蛋鸡、肉鸡浓缩饲料价格环比分别下降 0.2%、0.5%、0.9%，猪、蛋鸡、肉鸡添加剂预混合饲料价格环比分别下降 0.3%、0.4%、0.3%，（表 3、表 4、图 7、图 8、图 9）。

## 表 3 配合饲料全国平均价格

单位：元/千克、%

| 项　目 | 配合饲料 | | | |
| --- | --- | --- | --- | --- |
| | 育肥猪 | 蛋鸡高峰 | 肉大鸡 | 鲤鱼成鱼 |
| 2017 年 4 月 | 3.09 | 2.77 | 3.07 | 3.99 |
| 环比 | −0.3 | −0.4 | −0.6 | −1.0 |
| 同比 | 3.3 | −0.7 | 1.3 | 2.8 |
| 2017 年 1～4 月 | 3.11 | 2.80 | 3.10 | 4.02 |
| 累计同比 | 1.0 | −1.4 | −0.3 | 1.0 |

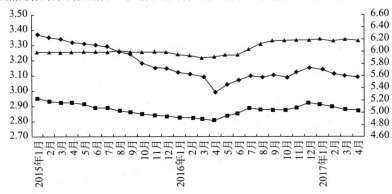

图 7　猪饲料价格走势（元/千克）

注：大猪浓缩饲料（育肥猪）和大猪添加剂预混合饲料（4%大猪）价格参考右侧刻度值

## 表 4 浓缩饲料和添加剂预混合饲料全国平均价格

单位：元/千克、%

| 项　目 | 浓缩饲料 | | | 添加剂预混合饲料 | | |
| --- | --- | --- | --- | --- | --- | --- |
| | 育肥猪 | 蛋鸡高峰 | 肉大鸡 | 4%大猪 | 5%蛋鸡高峰 | 5%肉大鸡 |
| 2017 年 4 月 | 5.03 | 3.75 | 4.21 | 6.17 | 5.45 | 5.89 |
| 环比 | −0.2 | −0.5 | −0.9 | −0.3 | −0.4 | −0.3 |
| 同比 | 3.5 | 3.6 | 3.7 | 4.2 | 3.4 | 2.3 |
| 2017 年 1～4 月 | 5.07 | 3.79 | 4.25 | 6.18 | 5.46 | 5.90 |
| 累计同比 | 3.7 | 2.7 | 3.4 | 4.2 | 4.2 | 1.9 |

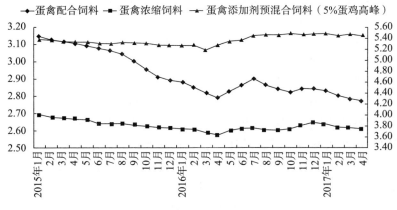

图 8　蛋禽饲料价格走势（元/千克）

注：蛋禽浓缩饲料和蛋禽添加剂预混合饲料（5％蛋鸡高峰）价格参考右侧刻度值

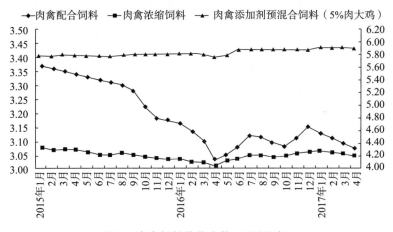

图 9　肉禽饲料价格走势（元/千克）

注：肉禽浓缩饲料和肉禽添加剂预混合饲料（5％肉大鸡）价格参考右侧刻度值

### 五、本月饲料和畜牧行业值得关注的情况

1. 猪饲料。4 月，全国批发市场毛猪平均价格为 16.36 元/千克，环比下降 7.3％，同比下降 20.3％。本月生猪市场供需依旧宽松，且消费需求增长不明显，猪价持续下跌。饲料需求上，4 月猪价持续下跌，玉米价格走势较强，养殖利润持续萎缩，养殖户出栏意愿较强，补栏积极性下降，月度猪饲料产量环比下降 2.1％。

2. 蛋禽饲料。4月，全国批发市场鸡蛋平均价格为 5.53 元/千克，环比增长 0.3%，同比下降 23.1%。本月蛋禽进入季节性生产旺季阶段，蛋品供应宽松，价格持续下跌。饲料需求上，蛋价持续低迷，行业整体亏损，蛋禽月末存栏小幅下降，月度饲料产量环比下降 3.9%。

3. 肉禽饲料。4月，全国批发市场活鸡平均价格为 17.04 元/千克，环比下降 4.9%，同比下降 12.5%。本月肉禽产品交易逐步恢复，但消费增长力度不足，价格环比走跌。饲料需求上，行业整体保持盈利状态，养殖户仍有较强补栏意愿，商品肉禽月末存栏环比增长，饲料产量环比增长 10.1%。

4. 水产饲料。4月，全国批发市场鲤鱼平均价格为 11.12 元/千克，环比增长 2.3%，同比下降 2.6%；草鱼平均价格为 15.00 元/千克，环比增长 7.4%，同比增长 22.7%；带鱼平均价格为 34.67 元/千克，环比下降 1.6%，同比增长 12.7%。本月水产品供应处于短缺期，市场供应能力下降，同时受沿海即将进入伏季休渔期影响，带动部分淡水鱼价格上涨。饲料需求上，本月全国各地气温进一步回升，进入大规模投苗阶段，饲料产量环比增长 70.0%。

5. 反刍饲料。4月，全国批发市场牛肉平均价格为 53.46 元/千克，环比下降 0.2%，同比增长 0.4%；羊肉平均价格为 46.19 元/千克，环比下降 0.2%，同比增长 0.5%。本月牛羊肉供需消费减弱，月度均价小幅走跌。饲料需求上，本月全国大部分地区奶牛春季产奶旺季逐步接近尾声，月度饲料需求环比下降 1.0%。

# 2017 年 5 月全国饲料生产形势分析

## 一、基本生产情况

5 月，据农业部重点跟踪的 180 家饲料企业统计数据显示，饲料总产量环比增长 1.5%，同比下降 8.8%。环比情况，本月各品种饲料产量除水产饲料保持季节性环比增长 42.0% 之外，其他品种均出现不同幅度下降。其中，因生猪价格持续走跌，养殖户出栏积极，补栏下降，产量环比下降 0.5%；蛋禽养殖产能过剩，禽蛋产品价格持续走跌，补栏积极性受挫，饲料产量环比下降 4.8%。同比情况，生猪产能缓慢恢复，饲料需求同比增长 4.8%，其他主要品种饲料同比均呈现不同幅度下降（图 1、图 2、图 3）。

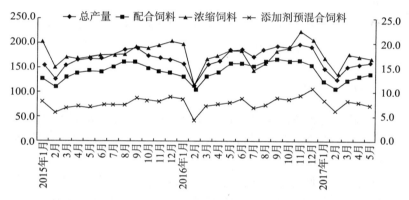

图 1  2015 年 1 月至 2017 年 5 月 180 家饲料企业产量月度走势（万吨）

注：浓缩饲料和添加剂预混合饲料参考右侧刻度值

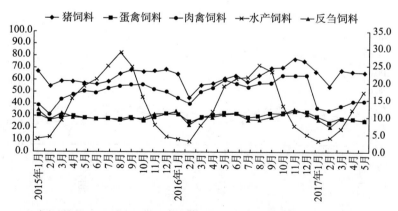

图 2  2015 年 1 月至 2017 年 5 月 180 家饲料企业不同品种饲料产量月度走势（万吨）

注：水产饲料和反刍饲料参考右侧刻度值

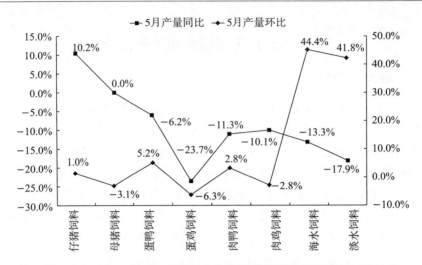

图 3　2017 年 5 月 180 家饲料企业不同品种饲料产量同比、环比

注：环比参考右侧刻度值

## 二、不同规模企业情况

5 月不同规模企业环比情况：月产 1 万吨以上的企业产量环比增长 1.2%，月产 0.5 万～1 万吨的企业产量环比增长 5.2%，月产 0.5 万吨以下的企业产量环比下降 1.2%。

5 月不同规模企业同比情况：月产 1 万吨以上的企业产量同比下降 4.2%，月产 0.5 万～1 万吨的企业产量同比下降 13.4%，月产 0.5 万吨以下的企业产量同比下降 24.2%（图 4）。

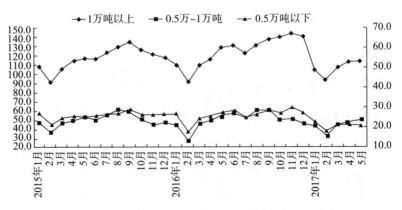

图 4　2015 年 1 月至 2017 年 5 月不同规模饲料企业产量走势（万吨）

注：0.5 万～1 万吨和 0.5 万吨以下企业产量参考右侧刻度值

### 三、饲料原料采购价格情况

5 月，主要饲料原料和饲料添加剂价格同比、环比有增有降。环比中，玉米、麸皮因供应略显偏紧，价格环比分别增长 1.1%、1.2%；菜粕受水产需求增长影响，价格环比增长 0.4%；其他原料在总体供应充裕，而养殖需求增长力度略显不足的情况下，价格环比均走跌，其中，蛋氨酸（固体）价格跌幅最大，环比下降 4.4%，豆粕价格环比继续下降 2.5%。同比中，麦麸价格同比涨幅最大，增长 34.1%；蛋氨酸（固体、液体）价格同比跌幅最大，分别下降 30.1%、24.3%，玉米价格同比下降 5.8%（表 1、表 2、图 5、图 6）。

**表 1  饲料原料采购均价变化**

单位：元/千克、%

| 项　目 | 玉米 | 豆粕 | 棉粕 | 菜粕 | 麦麸 | 进口鱼粉 |
|---|---|---|---|---|---|---|
| 2017 年 5 月 | 1.79 | 3.13 | 2.83 | 2.42 | 1.65 | 11.23 |
| 环比 | 1.1 | −2.5 | −2.1 | 0.4 | 1.2 | −4.3 |
| 同比 | −5.8 | 8.3 | 11.4 | 17.5 | 34.1 | −13.5 |
| 2017 年 1～5 月 | 1.76 | 3.30 | 2.91 | 2.42 | 1.64 | 11.71 |
| 累计同比 | −10.2 | 20.4 | 13.7 | 21.6 | 32.3 | −7.2 |

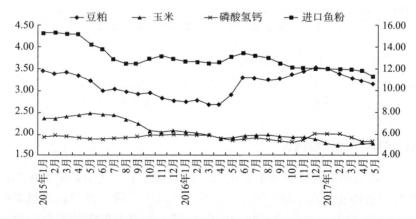

图 5  2015 年 1 月至 2017 年 5 月饲料大宗原料月度采购均价走势（元/千克）

注：进口鱼粉价格参考右侧刻度值

### 表 2　饲料添加剂采购均价变化

单位：元/千克、%

| 项　目 | 磷酸氢钙 | 赖氨酸<br>（98.5%） | 赖氨酸<br>（65%） | 蛋氨酸<br>（固体） | 蛋氨酸<br>（液体） |
|---|---|---|---|---|---|
| 2017 年 5 月 | 1.81 | 8.80 | 5.22 | 21.95 | 19.08 |
| 环比 | −1.1 | −3.5 | −3.9 | −4.4 | −3.9 |
| 同比 | −2.7 | 12.2 | 9.4 | −30.1 | −24.3 |
| 2017 年 1～5 月 | 1.90 | 9.30 | 5.62 | 23.71 | 20.44 |
| 累计同比 | −1.6 | 20.9 | 19.1 | −26.2 | −19.5 |

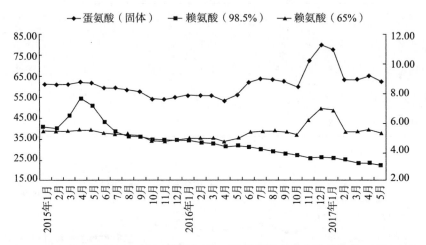

图 6　2015 年 1 月至 2017 年 5 月赖氨酸、蛋氨酸月度采购均价走势（元/千克）

注：赖氨酸（98.5%）和赖氨酸（65%）价格参考右侧刻度值

### 四、饲料产品价格情况

5 月，各品种饲料产品价格环比以小幅下跌为主，其中，猪、蛋鸡、肉鸡配合饲料价格环比分别下降 0.6%、0.4%、0.3%，猪、蛋鸡、肉鸡浓缩饲料价格环比分别下降 0.4%、0.3%、0.5%，猪、蛋鸡添加剂预混合饲料价格环比均下降 0.2%，肉鸡添加剂预混合饲料价格环比持平（表 3、表 4、图 7、图 8、图 9）。

### 表 3　配合饲料全国平均价格

单位：元/千克、%

| 项　目 | 配合饲料 | | | |
| --- | --- | --- | --- | --- |
| | 育肥猪 | 蛋鸡高峰 | 肉大鸡 | 鲤鱼成鱼 |
| 2017 年 5 月 | 3.07 | 2.76 | 3.06 | 4.00 |
| 环比 | −0.6 | −0.4 | −0.3 | 0.3 |
| 同比 | 1.0 | −2.5 | 0.3 | 2.6 |
| 2017 年 1～5 月 | 3.10 | 2.79 | 3.09 | 4.02 |
| 累计同比 | 1.0 | −1.4 | 0.0 | 1.5 |

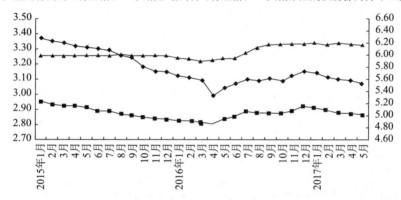

──◆── 大猪配合饲料（育肥猪）　──■── 大猪浓缩饲料（育肥猪）　──▲── 大猪添加剂预混合饲料（4％大猪）

图 7　猪饲料价格走势（元/千克）

注：大猪浓缩饲料（育肥猪）和大猪添加剂预混合饲料（4％大猪）价格参考右侧刻度值

### 表 4　浓缩饲料和添加剂预混合饲料全国平均价格

单位：元/千克、%

| 项　目 | 浓缩饲料 | | | 添加剂预混合饲料 | | |
| --- | --- | --- | --- | --- | --- | --- |
| | 育肥猪 | 蛋鸡高峰 | 肉大鸡 | 4％大猪 | 5％蛋鸡高峰 | 5％肉大鸡 |
| 2017 年 5 月 | 5.01 | 3.74 | 4.19 | 6.16 | 5.44 | 5.89 |
| 环比 | −0.4 | −0.3 | −0.5 | −0.2 | −0.2 | 0.0 |
| 同比 | 1.4 | 0.8 | 1.5 | 3.7 | 1.7 | 1.7 |
| 2017 年 1～5 月 | 5.06 | 3.78 | 4.24 | 6.18 | 5.46 | 5.90 |
| 累计同比 | 3.3 | 2.2 | 2.9 | 4.2 | 3.8 | 1.9 |

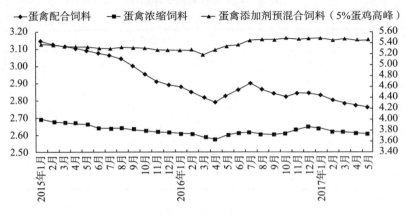

图 8    蛋禽饲料价格走势（元/千克）

注：蛋禽浓缩饲料和蛋禽添加剂预混合饲料（5％蛋鸡高峰）价格参考右侧刻度值

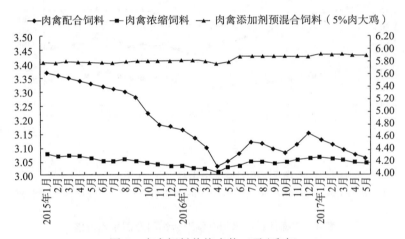

图 9    肉禽饲料价格走势（元/千克）

注：肉禽浓缩饲料和肉禽添加剂预混合饲料（5％肉大鸡）价格参考右侧刻度值

## 五、本月饲料和畜牧行业值得关注的情况

1. 猪饲料。5 月，全国批发市场毛猪平均价格为 14.79 元/千克，环比下降 9.6％，同比下降 30.4％。本月生猪市场供应依旧宽松，加之消费需求萎靡，屠宰企业以超大体重猪为压价突破口，生猪价格持续明显走跌。饲料需求上，受生猪价格持续下降影响，养殖利润大幅萎缩，部分专业育肥养殖户处于亏损边缘，养殖户出栏积极，补栏下降，饲料需求环比下降 0.5％。

2. 蛋禽饲料。5 月，全国批发市场鸡蛋平均价格为 5.53 元/千克，环比下降 8.7%，同比下降 30.3%。本月蛋鸡生产旺季逐步结束，禽蛋供应量下降，但蛋禽产能依然过剩，加之消费市场不振，鸡蛋价格持续走跌。饲料需求上，本月蛋鸡养殖效益进入深度亏损，养殖户补栏积极性受挫，月末存栏总量环比继续小幅下降，蛋禽饲料产量环比下降 4.8%。

3. 肉禽饲料。5 月，全国批发市场活鸡平均价格为 15.63 元/千克，环比下降 8.3%，同比下降 16.4%。本月，肉禽供应相对宽松，加之生猪供应的逐步恢复，肉禽产品替代作用被削减，肉禽消费重归低迷，同时，部分地区发生 H7N9 流感疫情，肉禽价格持续下跌。饲料需求上，本月肉禽养殖再度进入总体亏损状态，养殖户补栏积极性受到影响，饲料需求环比小幅下降 0.7%。

4. 水产饲料。5 月，全国批发市场鲤鱼平均价格为 11.29 元/千克，环比增长 1.5%，同比下降 2.9%；草鱼平均价格为 15.27 元/千克，环比增长 1.8%，同比增长 21.1%；带鱼平均价格为 36.33 元/千克，环比增长 4.8%，同比增长 13.3%。本月，主要淡水鱼供应出现偏紧，加之"休渔期"影响，主要淡水鱼产品价格持续上涨。饲料需求上，本月水产养殖规模随着气温进一步升高而继续扩大，投苗和存塘总量环比继续增加，饲料需求保持季节性快速增长 42.0%。

5. 反刍饲料。5 月，全国批发市场牛肉平均价格为 53.62 元/千克，环比增长 0.3%，同比增长 1.5%；羊肉平均价格为 46.24 元/千克，环比增长 0.1%，同比增长 1.8%。本月牛羊肉消费逐步进入淡季，月度均价小幅走跌。饲料需求上，全国大部分地区奶牛春季产奶旺季逐步接近尾声，同时草场资源逐渐丰富，饲料需求下降，月度饲料需求环比下降 7.4%。

## 2017 年 6 月全国饲料生产形势分析

### 一、基本生产情况

6 月，据农业部重点跟踪的 180 家饲料企业统计数据显示，饲料总产量环比增长 1.0％，同比下降 7.8％，其中，受养殖效益下降影响，浓缩饲料和添加剂预混合饲料需求环比呈上升态势。本月生猪价格持续上涨，养殖户压栏惜售，饲料需求环比增长 2.0％；蛋、肉禽养殖受存栏和夏季采食量下降影响，饲料需求环比分别下降 6.3％、5.6％；水产饲料保持季节性大幅增长 23.1％，但受南方持续降雨影响，增幅放缓；肉牛、肉羊养殖进入高峰期，饲料需求环比增长 5.7％。从生猪出栏供应情况看，产能有所恢复，饲料需求同比增长 5.2％。其他品种因养殖规模不同幅度缩减，饲料需求同比均下降（图 1、图 2、图 3）。

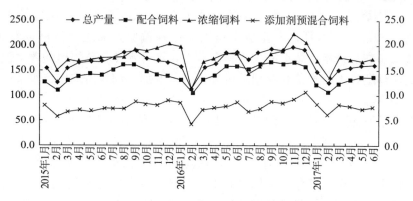

图 1　2015 年 1 月至 2017 年 6 月 180 家饲料企业产量月度走势（万吨）

注：浓缩饲料和添加剂预混合饲料参考右侧刻度值

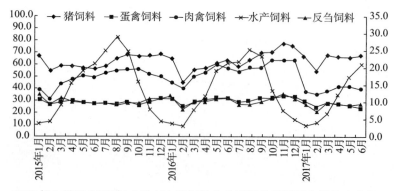

图 2　2015 年 1 月至 2017 年 6 月 180 家饲料企业不同品种饲料产量月度走势（万吨）

注：水产饲料和反刍饲料参考右侧刻度值

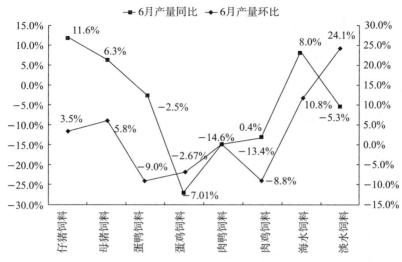

图 3　2017 年 6 月 180 家饲料企业不同品种饲料产量同比、环比

注：环比参考右侧刻度值

## 二、不同规模企业情况

6 月不同规模企业环比情况：月产 1 万吨以上的企业产量环比增长 0.8%，月产 0.5 万~1 万吨的企业产量环比增长 4.6%，月产 0.5 万吨以下的企业产量环比下降 1.7%。

6 月不同规模企业同比情况：月产 1 万吨以上的企业产量同比下降 4.6%，月产 0.5 万~1 万吨的企业产量同比下降 15.7%，月产 0.5 万吨以下的企业产量同比下降 16.0%（图 4）。

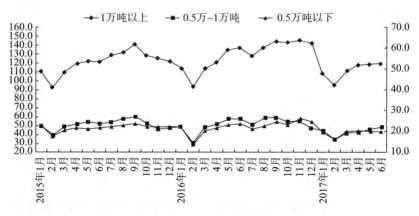

图 4　2015 年 1 月至 2017 年 6 月不同规模饲料企业产量走势（万吨）

注：0.5 万~1 万吨和 0.5 万吨以下企业产量参考右侧刻度值

### 三、饲料原料采购价格情况

6月，主要饲料原料和添加剂价格同比、环比呈现跌多涨少。环比中，优质玉米供应依然偏紧，价格小幅增长 0.6%，受小麦价格环比走跌和降雨不易储藏的影响，麦麸月度均价走低 2.4%，其他原料因市场供应充足，而养殖需求增量不足影响，价格环比均走跌，其中，赖氨酸（98.5%）跌幅最大，环比下降 6.7%，豆粕价格环比继续下降 5.1%，其他粕类受豆粕替代效应影响环比均走跌，而鱼粉大库存与需求失衡，环比下降 0.9%。同比中，除菜粕、麦麸同比分别增长 4.8%、16.7%之外，其他原料均呈现下跌，其中，蛋氨酸（固体、液体）价格同比跌幅最大，分别下降 31.9%、26.8%，玉米价格同比下降 8.2%，进口鱼粉下降 16.4%（表1、表2、图5、图6）。

### 表 1　饲料原料采购均价变化

单位：元/千克、%

| 项　目 | 玉米 | 豆粕 | 棉粕 | 菜粕 | 麦麸 | 进口鱼粉 |
|---|---|---|---|---|---|---|
| 2017 年 6 月 | 1.80 | 2.97 | 2.72 | 2.38 | 1.61 | 11.13 |
| 环比 | 0.6 | −5.1 | −3.9 | −1.7 | −2.4 | −0.9 |
| 同比 | −8.2 | −9.2 | −3.9 | 4.8 | 16.7 | −16.4 |
| 2017 年 1~6 月 | 1.77 | 3.24 | 2.88 | 2.42 | 1.64 | 11.62 |
| 累计同比 | −9.7 | 14.5 | 10.3 | 19.2 | 29.1 | −8.8 |

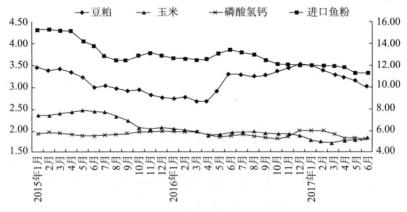

图 5　2015 年 1 月至 2017 年 6 月饲料大宗原料月度采购均价走势（元/千克）

注：进口鱼粉价格参考右侧刻度值

### 表 2　饲料添加剂采购均价变化

单位：元/千克、%

| 项　　目 | 磷酸氢钙 | 赖氨酸 (98.5%) | 赖氨酸 (65%) | 蛋氨酸 (固体) | 蛋氨酸 (液体) |
|---|---|---|---|---|---|
| 2017 年 6 月 | 1.78 | 8.21 | 5.10 | 20.63 | 18.07 |
| 环比 | −1.7 | −6.7 | −2.3 | −6.0 | −5.3 |
| 同比 | −4.8 | −5.8 | −2.7 | −31.9 | −26.8 |
| 2017 年 1～6 月 | 1.88 | 9.12 | 5.54 | 23.20 | 20.04 |
| 累计同比 | −2.1 | 15.9 | 15.2 | −27.1 | −20.7 |

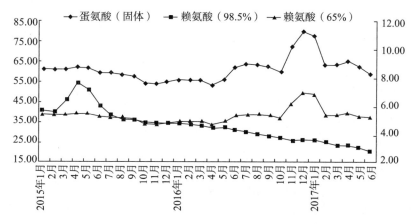

图 6　2015 年 1 月至 2017 年 6 月赖氨酸、蛋氨酸月度采购均价走势（元/千克）

注：赖氨酸（98.5%）和赖氨酸（65%）价格参考右侧刻度值

### 四、饲料产品价格情况

6 月，各品种饲料产品价格环比仍以小幅下跌为主，其中，猪、蛋鸡、肉鸡、鲤鱼成鱼配合饲料价格环比分别下降 0.3%、0.4%、0.7%、0.2%，猪、蛋鸡、肉鸡浓缩饲料价格环比分别下降 0.6%、0.5%、0.2%，猪添加剂预混合饲料价格环比下降 0.3%，蛋鸡添加剂预混合饲料价格环比增长 0.2%，肉鸡添加剂预混合饲料价格环比持平（表 3、表 4、图 7、图 8、图 9）。

## 表 3　配合饲料全国平均价格

单位：元/千克、%

| 项　目 | 配合饲料 | | | |
| --- | --- | --- | --- | --- |
| | 育肥猪 | 蛋鸡高峰 | 肉大鸡 | 鲤鱼成鱼 |
| 2017 年 6 月 | 3.06 | 2.75 | 3.04 | 3.99 |
| 环比 | −0.3 | −0.4 | −0.7 | −0.2 |
| 同比 | −0.3 | −3.8 | −1.3 | 0.3 |
| 2017 年 1～6 月 | 3.10 | 2.78 | 3.08 | 4.01 |
| 累计同比 | 1.0 | −2.1 | −0.3 | 1.0 |

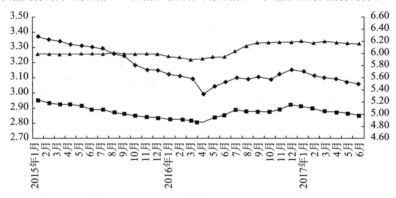

─◆─ 大猪配合饲料（育肥猪）　─■─ 大猪浓缩饲料（育肥猪）　─▲─ 大猪添加剂预混合饲料（4％大猪）

图 7　猪饲料价格走势（元/千克）

注：大猪浓缩饲料（育肥猪）和大猪添加剂预混合饲料（4％大猪）价格参考右侧刻度值

## 表 4　浓缩饲料和添加剂预混合饲料全国平均价格

单位：元/千克、%

| 项　目 | 浓缩饲料 | | | 添加剂预混合饲料 | | |
| --- | --- | --- | --- | --- | --- | --- |
| | 育肥猪 | 蛋鸡高峰 | 肉大鸡 | 4％大猪 | 5％蛋鸡高峰 | 5％肉大鸡 |
| 2017 年 6 月 | 4.98 | 3.72 | 4.18 | 6.14 | 5.45 | 5.89 |
| 环比 | −0.6 | −0.5 | −0.2 | −0.3 | 0.2 | 0.0 |
| 同比 | 0.0 | −0.8 | 0.2 | 3.4 | 1.5 | 0.2 |
| 2017 年 1～6 月 | 5.05 | 3.77 | 4.23 | 6.17 | 5.46 | 5.90 |
| 累计同比 | 2.6 | 1.6 | 2.4 | 4.0 | 3.4 | 1.5 |

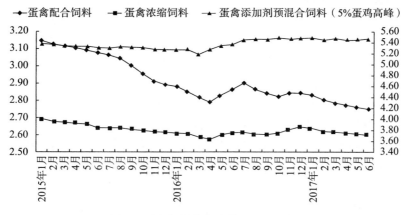

图 8　蛋禽饲料价格走势（元/千克）

注：蛋禽浓缩饲料和蛋禽添加剂预混合饲料（5％蛋鸡高峰）价格参考右侧刻度值

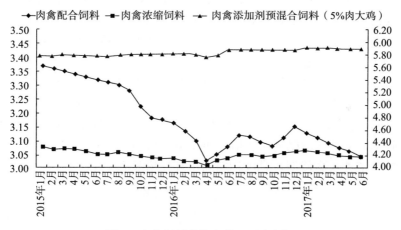

图 9　肉禽饲料价格走势（元/千克）

注：肉禽浓缩饲料和肉禽添加剂预混合饲料（5％肉大鸡）价格参考右侧刻度值

### 五、本月饲料和畜牧行业值得关注的情况

1. 猪饲料。6 月，全国批发市场毛猪平均价格为 13.21 元/千克，环比下降 10.7％，同比下降 37.7％。本月生猪市场供应趋紧，尤其适重标猪，加之全国大范围降雨利好猪价，屠宰企业压价未果，猪价震荡上涨，但月度均价依然走跌。饲料需求上，本月全国范围猪价走势良好，养殖户待价惜售，阶段性补栏增加，饲料需求环比上涨 2.0％。

2. 蛋禽饲料。6月，全国批发市场鸡蛋平均价格为 5.94 元/千克，环比增长 17.8%，同比下降 16.9%。本月蛋鸡养殖进入夏季模式，鸡蛋产量环比下降，鸡蛋消费量环比适度增长，鸡蛋价格反转上涨。饲料需求上，蛋价上涨，蛋禽补栏适度增长，但月末存栏继续萎缩，饲料需求环比继续下降 6.3%。

3. 肉禽饲料。6月，全国批发市场活鸡平均价格为 15.32 元/千克，环比下降 2.0%，同比下降 20.3%。本月肉禽供应略显偏紧，同时消费对 H7N9 流感的关注度减弱，肉禽消费信心回升，肉禽产品价格反转上涨，但月度批发均价小幅下降。饲料需求上，本月肉禽产品价格回升，养殖户扭转亏损局面，但补栏信心不足，饲料需求环比下降 5.6%。

4. 水产饲料。6月，全国批发市场鲤鱼平均价格为 11.58 元/千克，环比增长 2.6%，同比下降 2.5%；草鱼平均价格为 15.49 元/千克，环比增长 1.5%，同比增长 20.0%；带鱼平均价格为 37.00 元/千克，环比增长 1.8%，同比增长 20.6%。本月主要淡水、海水产品供应依旧趋紧，同时南方水产养殖区洪涝灾害及水产疫情进一步加重了供应压力，主要淡水、海水产品价格走势持续偏强。饲料需求上，本月水产养殖规模保持稳定，二茬投苗陆续启动，饲料需求仍保持季节性快速增长，但受南方持续降雨影响，饲料需求增长放缓，6月饲料产量环比增长 23.1%。

5. 反刍饲料。6月，全国批发市场牛肉平均价格为 53.60 元/千克，环比下降 0.1%，同比增长 1.7%；羊肉平均价格为 46.21 元/千克，环比下降 0.1%，同比增长 1.8%。本月牛肉供需较为稳定，价格保持稳定，羊肉进入烧烤消费季，部分区域受需求影响，价格波动可能更为频繁。饲料需求上，肉牛、肉羊养殖进入高峰期，月度饲料需求环比增长 5.7%。

# 2017 年 7 月全国饲料生产形势分析

## 一、基本生产情况

7 月，据农业部重点跟踪的 180 家饲料企业统计数据显示，饲料总产量环比增长 0.3％，同比下降 0.2％。其中，配合饲料需求扩大，产量环比增长 1.3％，同比降幅收窄；浓缩饲料和预混合饲料需求呈下降态势。本月生猪价格先涨后跌，养殖户顺势出栏，饲料需求环比下降 0.8％，但同比依然保持 14.4％的增长；蛋禽、肉禽行情好转，养殖补栏缓慢恢复，禽饲料环比降幅收窄，但受蛋禽、肉禽养殖规模缩减影响，禽饲料同比大幅下降，蛋禽饲料、肉禽饲料产量分别下降 17.1％、15.3％；水产饲料保持季节性大幅增长，产量环比增长 21.6％，同比增长 16.6％（图 1、图 2、图 3）。

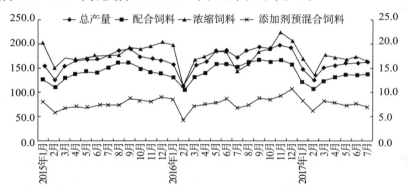

图 1　2015 年 1 月至 2017 年 7 月 180 家饲料企业产量月度走势（万吨）

注：浓缩饲料和添加剂预混合饲料参考右侧刻度值

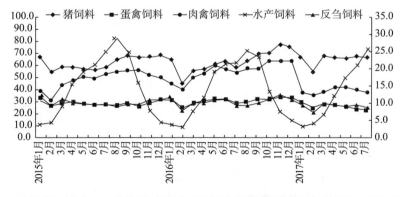

图 2　2015 年 1 月至 2017 年 7 月 180 家饲料企业不同品种饲料产量月度走势（万吨）

注：水产饲料和反刍饲料参考右侧刻度值

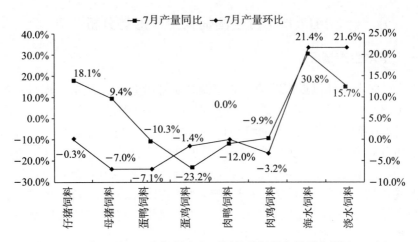

图 3　2017 年 7 月 180 家饲料企业不同品种饲料产量月度同比、环比

注：环比参考右侧刻度值

## 二、不同规模企业情况

7 月不同规模企业环比情况：月产 1 万吨以上的企业产量环比增长 1.6％，月产 0.5 万～1 万吨的企业产量环比下降 1.6％，月产 0.5 万吨以下的企业产量环比下降 4.3％。

7 月不同规模企业同比情况：月产 1 万吨以上的企业产量同比增长 2.1％，月产 0.5 万～1 万吨的企业产量同比下降 5.1％，月产 0.5 万吨以下的企业产量同比下降 6.2％（图 4）。

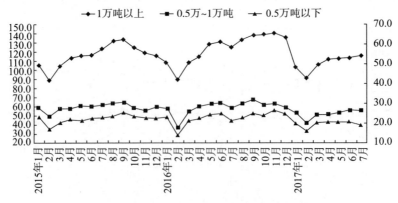

图 4　2015 年 1 月至 2017 年 7 月不同规模饲料企业产量走势（万吨）

注：0.5 万～1 万吨和 0.5 万吨以下企业产量参考右侧刻度值

### 三、饲料原料采购价格情况

7月，主要饲料原料和饲料添加剂价格环比呈现涨多跌少态势，同比情况，除麦麸价格上涨10.5%之外，其他原料价格均呈现下跌行情。其中，蛋氨酸（固体、液体）价格同比跌幅最大，分别下降29.0%、26.7%，玉米价格同比下降7.1%，豆粕价格同比下降8.0%，进口鱼粉价格同比下降15.0%。环比情况，麦麸价格增长4.3%，玉米价格增长2.2%，豆粕价格增长1.3%，菜粕价格下降1.7%，赖氨酸、蛋氨酸月度均价环比上涨（表1、表2、图5、图6）。

#### 表1  饲料原料采购均价变化

单位：元/千克、%

| 项目 | 玉米 | 豆粕 | 棉粕 | 菜粕 | 麦麸 | 进口鱼粉 |
|---|---|---|---|---|---|---|
| 2017年7月 | 1.84 | 3.01 | 2.73 | 2.34 | 1.68 | 11.15 |
| 环比 | 2.2 | 1.3 | 0.4 | −1.7 | 4.3 | 0.2 |
| 同比 | −7.1 | −8.0 | −8.1 | −2.9 | 10.5 | −15.0 |
| 2017年1～7月 | 1.78 | 3.21 | 2.86 | 2.41 | 1.64 | 11.55 |
| 累计同比 | −9.2 | 11.1 | 7.5 | 15.3 | 26.2 | −9.7 |

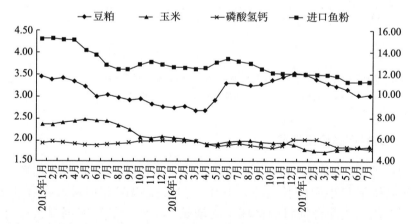

图5  2015年1月至2017年7月饲料大宗原料月度采购均价走势（元/千克）

注：进口鱼粉价格参考右侧刻度值

表 2    饲料添加剂采购均价变化

单位：元/千克、%

| 项　目 | 磷酸氢钙 | 赖氨酸（98.5%） | 赖氨酸（65%） | 蛋氨酸（固体） | 蛋氨酸（液体） |
|---|---|---|---|---|---|
| 2017 年 7 月 | 1.76 | 8.24 | 4.93 | 21.06 | 18.15 |
| 环比 | −1.1 | 0.4 | −3.3 | 2.1 | 0.4 |
| 同比 | −6.9 | −7.9 | −7.9 | −29.0 | −26.7 |
| 2017 年 1～7 月 | 1.86 | 8.99 | 5.45 | 22.89 | 19.77 |
| 累计同比 | −2.6 | 12.1 | 11.5 | −27.4 | −21.5 |

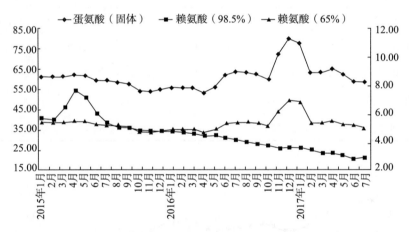

图 6    2015 年 1 月至 2017 年 7 月赖氨酸、蛋氨酸月度采购均价走势（元/千克）
注：赖氨酸（98.5%）和赖氨酸（65%）价格参考右侧刻度值

## 四、饲料产品价格情况

7月，除蛋禽浓缩饲料价格环比下降0.8%外，其他品种饲料产品价格环比以持平和小幅增长为主。其中，猪、蛋鸡配合饲料价格环比持平，肉鸡、鲤鱼成鱼配合饲料价格环比均增长0.3%；猪浓缩饲料价格环比增长0.2%，肉禽浓缩饲料价格环比持平；猪、肉鸡添加剂预混合饲料价格环比持平，蛋鸡添加剂预混合饲料价格环比增长0.6%（表3、表4、图7、图8、图9）。

### 表 3 配合饲料全国平均价格

单位：元/千克、%

| 项 目 | 配合饲料 | | | |
| --- | --- | --- | --- | --- |
| | 育肥猪 | 蛋鸡高峰 | 肉大鸡 | 鲤鱼成鱼 |
| 2017 年 7 月 | 3.06 | 2.75 | 3.05 | 4.00 |
| 环比 | 0.0 | 0.0 | 0.3 | 0.3 |
| 同比 | −1.3 | −5.2 | −2.2 | −1.2 |
| 2017 年 1～7 月 | 3.09 | 2.78 | 3.08 | 4.01 |
| 累计同比 | 0.7 | −2.5 | −0.6 | 0.8 |

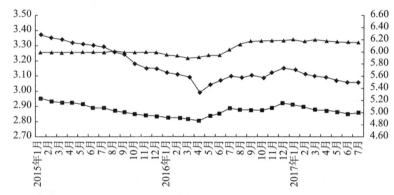

图 7 猪饲料价格走势（元/千克）

注：大猪浓缩饲料（育肥猪）和大猪添加剂预混合饲料（4％大猪）价格参考右侧刻度值

### 表 4 浓缩饲料和添加剂预混合饲料全国平均价格

单位：元/千克、%

| 项 目 | 浓缩饲料 | | | 添加剂预混合饲料 | | |
| --- | --- | --- | --- | --- | --- | --- |
| | 育肥猪 | 蛋鸡高峰 | 肉大鸡 | 4％大猪 | 5％蛋鸡高峰 | 5％肉大鸡 |
| 2017 年 7 月 | 4.99 | 3.69 | 4.18 | 6.14 | 5.48 | 5.89 |
| 环比 | 0.2 | −0.8 | 0.0 | 0.0 | 0.6 | 0.0 |
| 同比 | −1.4 | −1.9 | −0.9 | 1.7 | 0.6 | 0.2 |
| 2017 年 1～7 月 | 5.04 | 3.76 | 4.22 | 6.17 | 5.46 | 5.90 |
| 累计同比 | 2.0 | 1.3 | 1.9％ | 3.7 | 3.0 | 1.4 |

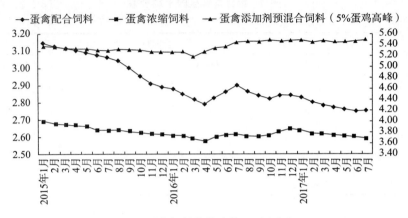

图 8　蛋禽饲料价格走势（元/千克）

注：蛋禽浓缩饲料和蛋禽添加剂预混合饲料（5%蛋鸡高峰）价格参考右侧刻度值

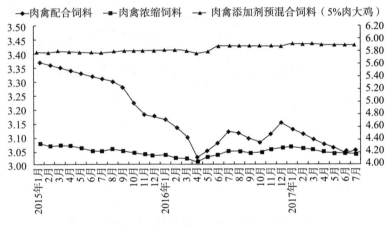

图 9　肉禽饲料价格走势（元/千克）

注：肉禽浓缩饲料和肉禽添加剂预混合饲料（5%肉大鸡）价格参考右侧刻度值

### 五、本月饲料和畜牧行业值得关注的情况

1. 猪饲料。7 月，全国批发市场毛猪平均价格为 13.68 元/千克，环比增长 3.5%，同比下降 32.4%。本月猪价走势先涨后降，月度平均价格环比小幅回升，养殖户出栏积极性较高。但生猪市场走势不明，中小型养殖户规避风险情绪较高，补栏谨慎甚至停止补栏，7 月猪饲料产量环比下降 0.8%。

2. 蛋禽饲料。7 月，全国批发市场鸡蛋平均价格为 6.00 元/千克，环比增长 1.0%，同比下降 13.4%。经过 5 月、6 月大量淘汰蛋鸡，7 月蛋鸡存栏量恢复到正常水平。补栏出现小幅增长，蛋鸡存栏结构改变，产蛋期蛋鸡占鸡群比例下降。受蛋禽存栏量萎缩和产蛋期蛋禽比例下降共同影响，蛋禽饲料需求环比下降 3.3%。

3. 肉禽饲料。7 月，全国批发市场活鸡平均价格为 16.26 元/千克，环比增长 6.1%，同比下降 15.5%。随着消费对 H7N9 流感关注度减弱，过剩产能调减迅速，肉禽养殖行业回暖。但前期市场和资金压力让养殖户观望情绪浓厚，补栏信心不足，肉禽养殖市场恢复缓慢，饲料需求环比下降 4.9%，降幅收窄。

4. 水产饲料。7 月，全国批发市场鲤鱼平均价格为 11.63 元/千克，环比增长 0.4%，同比下降 1.7%；草鱼平均价格为 15.33 元/千克，环比下降 1.0%，同比增长 16.7%；带鱼平均价格为 36.28 元/千克，环比下降 1.9%，同比增长 14.9%。淡水产品总体平均价格环比微降，但仍然处于高位。水产养殖处于第一茬水产品集中出塘，第二茬水产品陆续投苗的交接期，市场发展稳定。但是受南方持续降雨影响，饲料需求增长放缓，7 月饲料产量环比增长 21.6%。

5. 反刍饲料。7 月，全国批发市场牛肉平均价格为 53.33 元/千克，环比下降 0.5%，同比增长 0.8%；羊肉平均价格为 45.99 元/千克，环比下降 0.5%，同比增长 2.5%。本月牛肉、羊肉价格环比继续下降，上半年奶价走低，养殖效益持续收紧。同时，夏季草料替代饲料比例增加，7 月饲料需求环比下降 8.6%。

## 2017 年 8 月全国饲料生产形势分析

### 一、基本生产情况

8 月，据农业部重点跟踪的 180 家饲料企业统计数据显示，饲料总产量环比增长 5.7%，同比下降 2.8%。除配合饲料环比增长 5.6%、同比下降 4.3% 之外，浓缩饲料和添加剂预混合饲料产量环比、同比皆涨。8 月生猪价格继续增长，仔猪价格走低，养殖户补栏积极性高，猪饲料产量环比增长 7.6%，其中仔猪饲料产量环比增长 7.3%。蛋禽、肉禽行情较好，养殖户补栏积极，禽饲料产量环比止跌回升。由于总体养殖规模缩减，禽饲料产量同比大幅下降，蛋禽饲料、肉禽饲料产量分别下降 15.9%、16.5%。水产饲料受台风和环保影响，饲料需求收窄，产量环比、同比仅增长 4.3% 和 2.7%（图 1、图 2、图 3）。

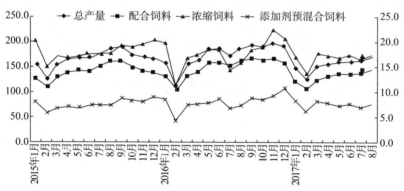

图 1　2015 年 1 月至 2017 年 8 月 180 家饲料企业产量月度走势（万吨）
注：浓缩饲料和添加剂预混合饲料参考右侧刻度值

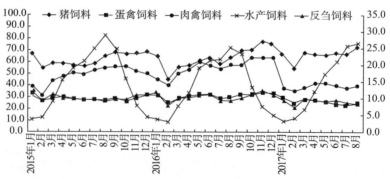

图 2　2015 年 1 月至 2017 年 8 月 180 家饲料企业不同品种饲料产量月度走势（万吨）
注：水产饲料和反刍饲料参考右侧刻度值

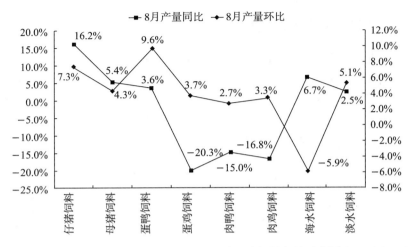

图 3　2017 年 8 月 180 家饲料企业不同品种饲料产量月度同比、环比

注：环比参考右侧刻度值

## 二、不同规模企业情况

8 月不同规模企业环比情况：月产 1 万吨以上的企业产量环比增长 7.2%，月产 0.5 万～1 万吨的企业产量环比增长 8.1%，月产 0.5 万吨以下的企业产量环比下降 5.1%。

8 月不同规模企业同比情况：月产 1 万吨以上的企业产量同比增长 0.8%，月产 0.5 万～1 万吨的企业产量同比下降 9.7%，月产 0.5 万吨以下的企业产量同比下降 13.4%（图 4）。

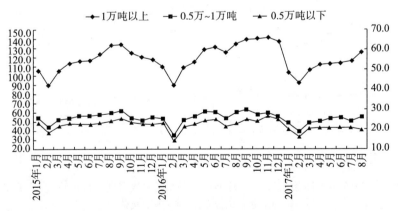

图 4　2015 年 1 月至 2017 年 8 月不同规模饲料企业产量走势（万吨）

注：0.5 万～1 万吨和 0.5 万吨以下企业产量参考右侧刻度值

### 三、饲料原料采购价格情况

8月，主要饲料原料价格，除麦麸由于供应量增加，价格环比下降3.0%、同比大幅增长14.0%之外，其他原料价格均呈现环比微增，同比不同程度下降。玉米、豆粕全国平均价格同比分别下降6.1%、6.2%，受豆粕比价效应的影响，棉粕、菜粕价格也随之波动。8月氨基酸价格呈现环比增长，同比下降行情（表1、表2、图5、图6）。

**表1　饲料原料采购均价变化**

单位：元/千克、%

| 项　　目 | 玉米 | 豆粕 | 棉粕 | 菜粕 | 麦麸 | 进口鱼粉 |
|---|---|---|---|---|---|---|
| 2017 年 8 月 | 1.85 | 3.02 | 2.75 | 2.35 | 1.63 | 11.17 |
| 环比 | 0.5 | 0.3 | 0.7 | 0.4 | −3.0 | 0.2 |
| 同比 | −6.1 | −6.2 | −7.1 | −1.7 | 14.0 | −13.6 |
| 2017 年 1～8 月 | 1.79 | 3.19 | 2.84 | 2.40 | 1.64 | 11.50 |
| 累计同比 | −9.0 | 8.7 | 5.5 | 12.9 | 24.7 | −10.2 |

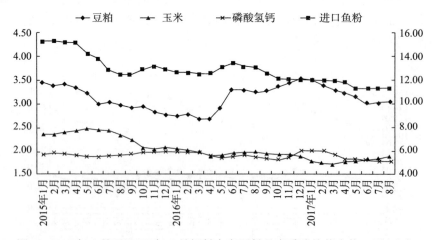

图 5　2015 年 1 月至 2017 年 8 月饲料大宗原料月度采购均价走势（元/千克）

注：进口鱼粉价格参考右侧刻度值

### 表2　饲料添加剂采购均价变化

单位：元/千克、%

| 项　　目 | 磷酸氢钙 | 赖氨酸<br>（98.5%） | 赖氨酸<br>（65%） | 蛋氨酸<br>（固体） | 蛋氨酸<br>（液体） |
|---|---|---|---|---|---|
| 2017年8月 | 1.78 | 8.35 | 5.04 | 21.27 | 18.28 |
| 环比 | 1.1 | 1.3 | 2.2 | 1.0 | 0.7 |
| 同比 | −4.8 | −6.1 | −5.1 | −25.3 | −23.8 |
| 2017年1~8月 | 1.85 | 8.91 | 5.40 | 22.69 | 19.59 |
| 累计同比 | −2.8 | 9.6 | 9.3 | −27.1 | −21.8 |

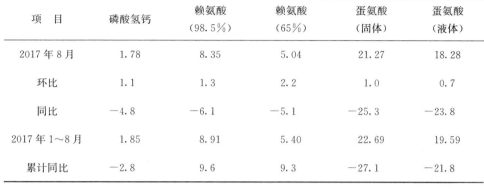

图6　2015年1月至2017年8月赖氨酸、蛋氨酸月度采购均价走势（元/千克）

注：赖氨酸（98.5%）和赖氨酸（65%）价格参考右侧刻度值

### 四、饲料产品价格情况

8月，除蛋禽添加剂预混合饲料价格环比下降0.6%之外，其他品种饲料产品价格环比以小幅增长和持平为主。其中，猪、蛋禽、肉禽配合饲料价格环比分别增长1.0%、0.4%、0.3%，鲤鱼成鱼配合饲料环比持平；猪、蛋禽浓缩饲料价格环比分别增长0.4%、0.5%，肉禽浓缩饲料价格环比持平；猪、肉禽添加剂预混合饲料价格环比分别增长0.7%、1.4%（表3、表4、图7、图8、图9）。

### 表 3　配合饲料全国平均价格

单位：元/千克、%

| 项　目 | 配合饲料 | | | |
| --- | --- | --- | --- | --- |
| | 育肥猪 | 蛋鸡高峰 | 肉大鸡 | 鲤鱼成鱼 |
| 2017 年 8 月 | 3.09 | 2.76 | 3.06 | 4.00 |
| 环比 | 1.0 | 0.4 | 0.3 | 0.0 |
| 同比 | 0.0 | −3.5 | −1.6 | −1.0 |
| 2017 年 1～8 月 | 3.09 | 2.78 | 3.08 | 4.01 |
| 累计同比 | 0.4 | −2.6 | −0.7 | 0.6 |

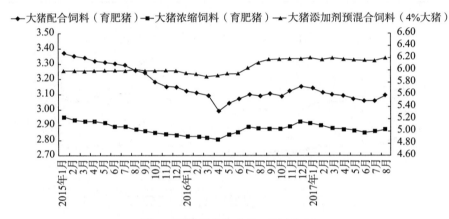

图 7　猪饲料价格走势（元/千克）

注：大猪浓缩饲料（育肥猪）和大猪添加剂预混合饲料（4％大猪）价格参考右侧刻度值

### 表 4　浓缩饲料和添加剂预混合饲料全国平均价格

单位：元/千克、%

| 项　目 | 浓缩饲料 | | | 添加剂预混合饲料 | | |
| --- | --- | --- | --- | --- | --- | --- |
| | 育肥猪 | 蛋鸡高峰 | 肉大鸡 | 4％大猪 | 5％蛋鸡高峰 | 5％肉大鸡 |
| 2017 年 8 月 | 5.01 | 3.71 | 4.18 | 6.18 | 5.45 | 5.97 |
| 环比 | 0.4 | 0.5 | 0.0 | 0.7 | −0.6 | 1.4 |
| 同比 | −0.6 | −0.5 | −0.7 | 0.8 | −0.2 | 1.5 |
| 2017 年 1～8 月 | 5.03 | 3.75 | 4.22 | 6.17 | 5.46 | 5.91 |
| 累计同比 | 1.7 | 1.0 | 1.7 | 3.3 | 2.6 | 1.4 |

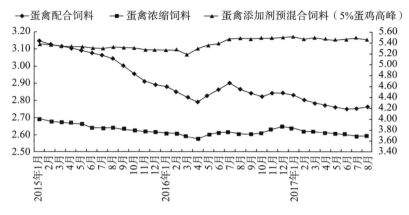

图 8　蛋禽饲料价格走势（元/千克）

注：蛋禽浓缩饲料和蛋禽添加剂预混合饲料（5%蛋鸡高峰）价格参考右侧刻度值

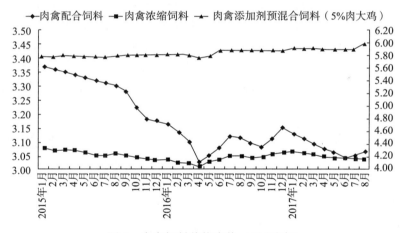

图 9　肉禽饲料价格走势（元/千克）

注：肉禽浓缩饲料和肉禽添加剂预混合饲料（5%肉大鸡）价格参考右侧刻度值

## 五、本月饲料和畜牧行业值得关注的情况

1. 猪饲料。8 月，全国批发市场毛猪平均价格为 14.75 元/千克，环比增长 7.8%。8 月猪价持续震荡上涨，刺激养殖户加大育肥猪饲料投喂量，同时在猪价走高的情况下，仔猪价格相对较低，养殖户补栏积极性增加。8 月猪饲料产量环比增长 7.6%，其中，仔猪饲料产量环比增长 7.3%。

2. 蛋禽饲料。8 月，全国批发市场鸡蛋平均价格为 8.05 元/千克，环比增长 34.2%，同比增长 10.2%。在经过 5 月、6 月大量淘汰蛋鸡后，蛋鸡存栏处于低位，加之夏季产蛋率低导致鸡蛋供应量下降明显，8 月蛋鸡价格快速攀升。蛋禽养殖户转亏为盈，投喂积极并且开始补栏，饲料需求量增加，8 月蛋禽饲料产量环比增长 4.7%。

3. 肉禽饲料。8 月，全国批发市场活鸡平均价格为 16.85 元/千克，环比增长 3.6%。随着 H7N9 流感的影响消退和过剩产能迅速调减，肉禽养殖行业普遍回暖，养殖户盈利大幅回升。后期随着气温逐渐降低，鸡肉消费需求增加。养殖户对后市行情持乐观态度，补栏积极，饲料需求增加。8 月肉禽饲料需求环比增长 5.7%。

4. 水产饲料。8 月，全国批发市场鲤鱼平均价格为 11.85 元/千克，环比增长 1.9%；草鱼平均价格为 15.41 元/千克，环比增长 0.5%；带鱼平均价格为 36.18 元/千克，环比下降 0.3%。目前淡水产品总体平均价格高位震荡，第二茬水产品养殖正值高峰阶段。但受东南沿海台风和鲫鱼病害等因素影响，补苗相对谨慎。水产饲料需求旺季不旺，饲料产量环比仅增长 4.3%。

5. 反刍饲料。8 月，全国批发市场牛肉平均价格为 53.25 元/千克，环比下降 0.1%；羊肉平均价格为 46.32 元/千克，环比增长 0.7%。本月牛肉、羊肉价格环比稳中窄幅震荡。但 1~8 月奶价持续走低，养殖效益收紧，奶牛养殖规模萎缩，同时，夏季草料替代饲料比例增加，8 月饲料需求环比下降 1.2%，同比下降 9.7%。

## 2017 年 9 月全国饲料生产形势分析

### 一、基本生产情况

9 月，据农业部重点跟踪的 180 家饲料企业统计数据显示，饲料总产量环比增长 8.3%，同比增长 0.7%。除配合饲料环比增长 5.4%，同比下降 1.9% 之外，受国庆节假期和原料涨价导致养殖场及经销商提前备货的影响，浓缩饲料和添加剂预混合饲料环比、同比均为涨势。9 月生猪、蛋禽养殖收益持续好转，猪饲料、蛋禽饲料产量环比分别增长 13.8%、11.9%；肉禽价格弱势运行，盈利缩减，但受提前备货影响，肉禽饲料产量环比增长 6.1%；反刍饲料需求季节性增长，产量环比增长 21.4%，水产养殖进入淡季，饲料需求环比下降 11.0%（图 1、图 2）。

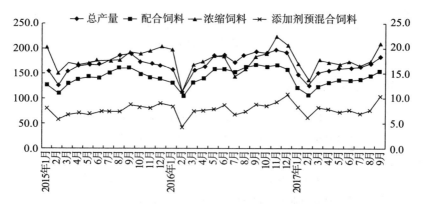

图 1　2015 年 1 月至 2017 年 9 月 180 家饲料企业产量月度走势（万吨）

注：浓缩饲料和添加剂预混合饲料参考右侧刻度值

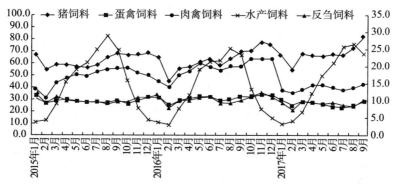

图 2　2015 年 1 月至 2017 年 9 月 180 家饲料企业不同品种饲料产量月度走势（万吨）

注：水产饲料和反刍饲料参考右侧刻度值

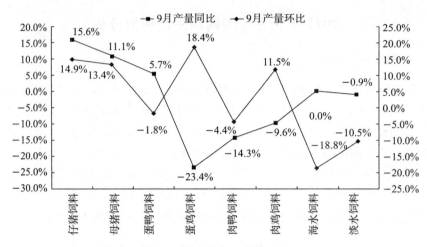

图 3　2017 年 9 月 180 家饲料企业不同品种饲料产量月度同比、环比
注：环比参考右侧刻度值

## 二、不同规模企业情况

9 月不同规模企业环比情况：月产 1 万吨以上的企业产量环比增长 7.6%，月产 0.5 万～1 万吨的企业产量环比增长 4.8%，月产 0.5 万吨以下的企业产量环比增长 18.1%。

9 月不同规模企业同比情况：月产 1 万吨以上的企业产量同比增长 3.0%，月产 0.5 万～1 万吨的企业产量同比下降 6.9%，月产 0.5 万吨以下的企业产量同比下降 3.1%（图 4）。

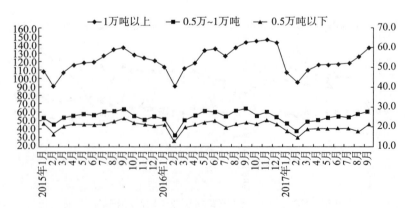

图 4　2015 年 1 月至 2017 年 9 月不同规模饲料企业产量走势（万吨）
注：0.5 万～1 万吨和 0.5 万吨以下企业产量参考右侧刻度值

### 三、饲料原料采购价格情况

9 月，主要饲料原料和饲料添加剂价格中，除麦麸、赖氨酸（98.5%）同比分别增长 4.3%、3.4%之外，其他原料价格同比均不同幅度下降。环比中，各品种饲料原料呈现有升有降行情，玉米新粮上市与深加工企业开工率提高相互博弈，均价持平；豆粕库存压力加大，价格环比下降0.3%，受豆粕比价效应和新棉粕逐步上市影响，棉粕价格随之下跌。9 月氨基酸生产继续受限，蛋氨酸、赖氨酸价格均呈现环比增长行情（表1、表2、图5、图6）。

**表 1 饲料原料采购均价变化**

单位：元/千克、%

| 项 目 | 玉米 | 豆粕 | 棉粕 | 菜粕 | 麦麸 | 进口鱼粉 |
|---|---|---|---|---|---|---|
| 2017 年 9 月 | 1.85 | 3.01 | 2.74 | 2.36 | 1.47 | 11.03 |
| 环比 | 0.0 | −0.3 | −0.4 | 0.4 | −9.8 | −1.3 |
| 同比 | −4.6 | −7.7 | −6.5 | −0.8 | 4.3 | −12.1 |
| 2017 年 1~9 月 | 1.79 | 3.17 | 2.83 | 2.39 | 1.62 | 11.45 |
| 累计同比 | −8.7 | 6.7 | 4.0 | 11.2 | 21.8 | −10.4 |

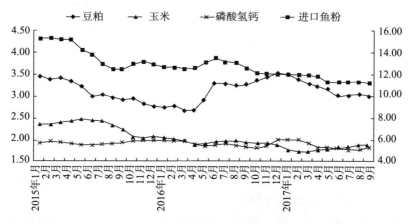

图 5 2015 年 1 月至 2017 年 9 月饲料大宗原料月度采购均价走势（元/千克）

注：进口鱼粉价格参考右侧刻度值

### 表 2　饲料添加剂采购均价变化

单位：元/千克、%

| 项　目 | 磷酸氢钙 | 赖氨酸<br>（98.5%） | 赖氨酸<br>（65%） | 蛋氨酸<br>（固体） | 蛋氨酸<br>（液体） |
|---|---|---|---|---|---|
| 2017 年 9 月 | 1.83 | 9.02 | 5.15 | 22.31 | 18.52 |
| 环比 | 2.8 | 8.0 | 2.2 | 4.9 | 1.3 |
| 同比 | −0.5 | 3.4 | −2.3 | −19.0 | −20.4 |
| 2017 年 1～9 月 | 1.85 | 8.92 | 5.37 | 22.65 | 19.47 |
| 累计同比 | −2.6 | 8.9 | 7.8 | −26.3 | −21.6 |

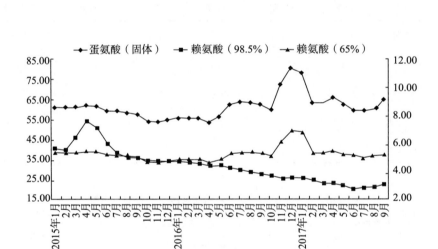

图 6　2015 年 1 月至 2017 年 9 月赖氨酸、蛋氨酸月度采购均价走势（元/千克）

注：赖氨酸（98.5%）和赖氨酸（65%）价格参考右侧刻度值

### 四、饲料产品价格情况

9 月，受饲料添加剂原料涨价影响，各品种饲料产品价格环比以小幅增长为主。除肉禽、鲤鱼成鱼配合饲料环比持平之外，猪、蛋禽配合饲料价格环比分别增长 0.3%、0.7%；猪、蛋禽、肉禽浓缩饲料价格环比分别增长 0.6%、0.3%、1.7%；猪、蛋禽、肉禽添加剂预混合饲料价格环比分别增长 0.6%、1.8%、1.0%（表 3、表 4、图 7、图 8、图 9）。

## 表 3　配合饲料全国平均价格

单位：元/千克、%

| 项　目 | 配合饲料 | | | |
| --- | --- | --- | --- | --- |
| | 育肥猪 | 蛋鸡高峰 | 肉大鸡 | 鲤鱼成鱼 |
| 2017 年 9 月 | 3.10 | 2.78 | 3.06 | 4.00 |
| 环比 | 0.3 | 0.7 | 0.0 | 0.0 |
| 同比 | 0.0 | −2.1 | −1.0 | −1.2 |
| 2017 年 1～9 月 | 3.09 | 2.78 | 3.07 | 4.01 |
| 累计同比 | 0.3 | −2.5 | −1.0 | 0.5 |

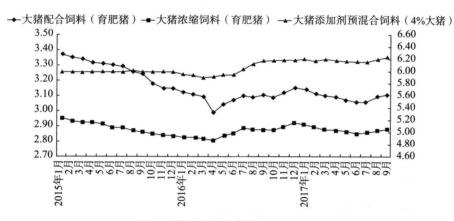

图 7　猪饲料价格走势（元/千克）

注：大猪浓缩饲料（育肥猪）和大猪添加剂预混合饲料（4%大猪）价格参考右侧刻度值

## 表 4　浓缩饲料和添加剂预混合饲料全国平均价格

单位：元/千克、%

| 项　目 | 浓缩饲料 | | | 添加剂预混合饲料 | | |
| --- | --- | --- | --- | --- | --- | --- |
| | 育肥猪 | 蛋鸡高峰 | 肉大鸡 | 4%大猪 | 5%蛋鸡高峰 | 5%肉大鸡 |
| 2017 年 9 月 | 5.04 | 3.72 | 4.25 | 6.22 | 5.55 | 6.03 |
| 环比 | 0.6 | 0.3 | 1.7 | 0.6 | 1.8 | 1.0 |
| 同比 | 0.0 | 0.0 | 1.7 | 0.8 | 1.8 | 2.6 |
| 2017 年 1～9 月 | 5.03 | 3.75 | 4.22 | 6.17 | 5.47 | 5.92 |
| 累计同比 | 1.4 | 0.8 | 1.7 | 3.0 | 2.4 | 1.5 |

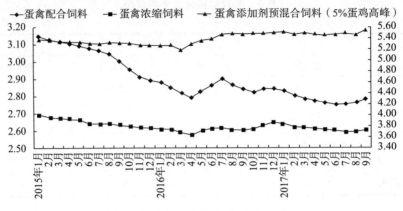

图 8 蛋禽饲料价格走势（元/千克）

注：蛋禽浓缩饲料和蛋禽添加剂预混合饲料（5％蛋鸡高峰）价格参考右侧刻度值

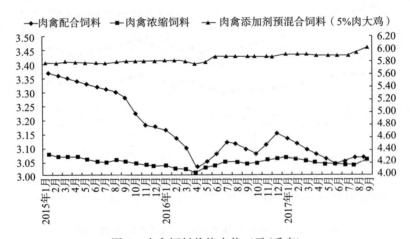

图 9 肉禽饲料价格走势（元/千克）

注：肉禽浓缩饲料和肉禽添加剂预混合饲料（5％肉大鸡）价格参考右侧刻度值

### 五、本月饲料和畜牧行业值得关注的情况

1. 猪饲料。9 月，全国批发市场毛猪平均价格为 15.88 元/千克，环比增长 7.7％，同比下降 14.6％。受中下旬集中出栏影响，9 月猪价经历上行后持续缓降模式。但月度平均价格继续上扬，盈利持续好转，刺激养殖户加大育肥猪饲料投喂量，同时在猪价走高的情况下，仔猪价格相对较低，养殖户补栏积极性增加。9 月猪饲料产量环比增长 13.8％，其中，仔猪饲料产量环比增长 14.9％。

2. 蛋禽饲料。9 月，全国批发市场鸡蛋平均价格为 8.99 元/千克，环比增长 11.2%，同比增长 19.6%。9 月蛋价冲高后震荡回调，但月度平均价格继续保持增长。在经过 5 月、6 月大量淘汰蛋鸡后，产蛋期蛋鸡存栏持续低位。9 月蛋禽养殖陆续进入产蛋旺季，加之养殖效益继续回升，补栏开始小幅增长，养殖户投喂积极，同时受提前备货心理影响，9 月蛋禽饲料产量环比增长 11.9%。

3. 肉禽饲料。9 月，全国批发市场活鸡平均价格为 16.95 元/千克，环比增长 0.6%，同比下降 13.3%。9 月活鸡价格保持稳定，但摊销鸡苗成本大幅增长，导致养殖效益明显下降，白羽肉鸡平均盈利 0.28 元/只，环比下降 91.5%。但受国庆节假期和原料涨价提前备货影响，肉禽饲料产量环比增长 6.0%。

4. 水产饲料。9 月，全国批发市场鲤鱼平均价格为 11.83 元/千克，环比增长 0.2%；草鱼平均价格为 15.04 元/千克，环比下降 2.4%；带鱼平均价格为 35.88 元/千克，环比下降 0.8%。9 月水产养殖高峰期逐步接近尾声。北方地区室外露天养殖市场已经明显萎缩，华东及以南的广大地区也已经进入高峰期尾声，本年度第二茬水产品已经开始部分出塘上市，水产饲料需求大幅度缩减，产量环比下降 11.0%。

5. 反刍饲料。9 月，全国批发市场牛肉平均价格为 53.75 元/千克，环比增长 0.9%；羊肉平均价格为 48.03 元/千克，环比增长 3.6%；主产省份生鲜乳平均价格止跌回升，平均价格为 3.46 元/千克，环比增长 1.5%。9 月中国奶牛养殖市场进入秋季生产旺季阶段，肉牛、肉羊养殖市场逐步进入出栏高峰期，奶产品及羊肉消费逐步进入消费旺季阶段。9 月饲料需求环比增长 21.4%。

# 2017 年 10 月全国饲料生产形势分析

## 一、基本生产情况

10 月，据农业部重点跟踪的 180 家饲料企业统计数据显示，饲料总产量环比下降 9.7%，同比下降 1.9%。环比中，因 10 月双节提前备货和维生素等原料价格过快上涨，引发恐慌性备货潮，提前透支 10 月产量，导致 10 月的饲料总产量和不同品种产量环比均下降。猪、蛋禽、肉禽、反刍饲料产量环比分别下降 6.2%、8.8%、5.3%、1.0%，水产饲料呈季节性大幅下降，下降 34.5%。同比中，除猪、水产饲料需求显著增长外，其他各品种饲料皆呈下降态势，其中，母猪饲料同比首次下降（图 1、图 2）。

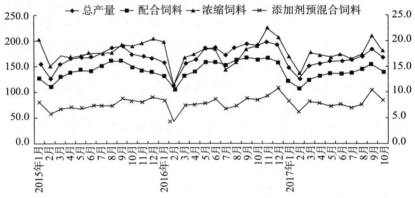

图 1　2015 年 1 月至 2017 年 10 月 180 家饲料企业产量月度走势（万吨）

注：浓缩饲料和添加剂预混合饲料参考右侧刻度值

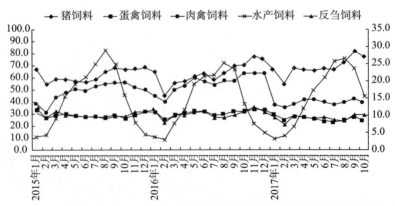

图 2　2015 年 1 月至 2017 年 10 月 180 家饲料企业不同品种饲料产量月度走势（万吨）

注：水产饲料和反刍饲料参考右侧刻度值

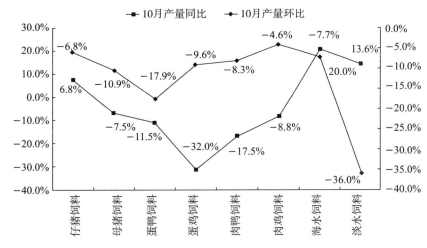

图 3　2017 年 10 月 180 家饲料企业不同品种饲料产量月度同比、环比

注：环比参考右侧刻度值

## 二、不同规模企业情况

10 月不同规模企业环比情况：月产 1 万吨以上的企业产量环比下降 6.0%，月产 0.5 万～1 万吨的企业产量环比下降 18.1%，月产 0.5 万吨以下的企业产量环比下降 18.5%。

10 月不同规模企业同比情况：月产 1 万吨以上的企业产量同比增长 2.8%，月产 0.5 万～1 万吨的企业产量同比下降 8.0%，月产 0.5 万吨以下的企业产量同比下降 18.5%（图 4）。

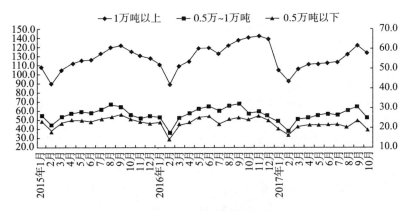

图 4　2015 年 1 月至 2017 年 10 月不同规模饲料企业产量走势（万吨）

注：0.5 万～1 万吨和 0.5 万吨以下企业产量参考右侧刻度值

### 三、饲料原料采购价格情况

10 月，主要饲料原料和饲料添加剂价格涨跌互现。在环比增长的各品种中，优质玉米受天气影响上市增量缓慢，价格环比增长 1.1%；豆粕价格因美国大豆利好行情带动，环比增长 4.7%；进口鱼粉消费旺季基本结束，但受外盘牵制，价格环比增长 0.2%。环比下降的各品种中，10 月棉粕处于上市高峰，平均价格环比下降 0.7%；赖氨酸因环保督查影响减退，产能逐步恢复，赖氨酸（98.5%）、赖氨酸（65%）价格环比分别下降 0.3%、2.3%（表 1、表 2、图 5、图 6）。

**表 1    饲料原料采购均价变化**

单位：元/千克、%

| 项　目 | 玉米 | 豆粕 | 棉粕 | 菜粕 | 麦麸 | 进口鱼粉 |
|---|---|---|---|---|---|---|
| 2017 年 10 月 | 1.87 | 3.15 | 2.72 | 2.36 | 1.55 | 11.05 |
| 环比 | 1.1 | 4.7 | −0.7 | 0.0 | 5.4 | 0.2 |
| 同比 | −2.1 | −5.7 | −6.8 | −0.8 | 3.3 | −7.8 |
| 2017 年 1～10 月 | 1.80 | 3.17 | 2.82 | 2.39 | 1.62 | 11.41 |
| 累计同比 | −8.2 | 5.3 | 2.9 | 9.6 | 20.0 | −10.2 |

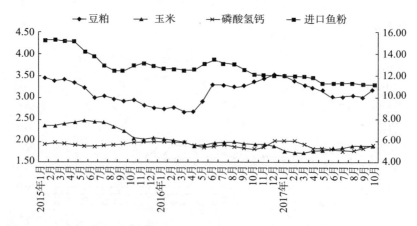

图 5    2015 年 1 月至 2017 年 10 月饲料大宗原料月度采购均价走势（元/千克）

注：进口鱼粉价格参考右侧刻度值

表 2　饲料添加剂采购均价变化

单位：元/千克、%

| 项　　目 | 磷酸氢钙 | 赖氨酸<br>（98.5%） | 赖氨酸<br>（65%） | 蛋氨酸<br>（固体） | 蛋氨酸<br>（液体） |
|---|---|---|---|---|---|
| 2017 年 10 月 | 1.90 | 8.99 | 5.03 | 22.65 | 19.38 |
| 环比 | 3.8 | −0.3 | −2.3 | 1.5 | 4.6 |
| 同比 | 5.0 | 7.9 | 0.0 | −14.1 | −14.1 |
| 2017 年 1～10 月 | 1.86 | 8.93 | 5.34 | 22.65 | 19.46 |
| 累计同比 | −1.6 | 8.8 | 7.2 | −25.2 | −21.0 |

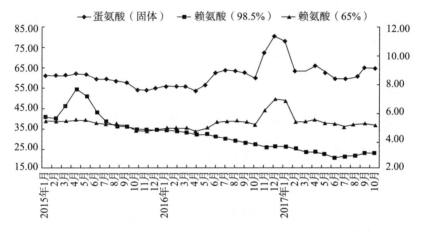

图 6　2015 年 1 月至 2017 年 10 月赖氨酸、蛋氨酸月度采购均价走势（元/千克）

注：赖氨酸（98.5%）和赖氨酸（65%）价格参考右侧刻度值

## 四、饲料产品价格情况

10 月，受饲料添加剂原料涨价和畜禽养殖盈利收窄双重影响，各品种饲料产品价格涨跌不一。其中，肉禽饲料因养殖亏损，饲料价格走弱，肉禽配合饲料、肉禽浓缩饲料价格环比持平，肉禽添加剂预混合饲料价格环比下降0.3%；猪、蛋禽饲料价格环比皆增，猪配合饲料、猪浓缩饲料、猪添加剂预混合饲料价格环比分别增长 0.3%、0.6%、0.2%；蛋禽配合饲料、蛋禽浓缩饲料、蛋禽添加剂预混合饲料价格环比分别增长 0.4%、0.3%、1.1%（表 3、表 4、图 7、图 8、图 9）。

### 表3　配合饲料全国平均价格

单位：元/千克、%

| 项　目 | 配合饲料 | | | |
|---|---|---|---|---|
| | 育肥猪 | 蛋鸡高峰 | 肉大鸡 | 鲤鱼成鱼 |
| 2017 年 10 月 | 3.11 | 2.79 | 3.06 | 4.05 |
| 环比 | 0.3 | 0.4 | 0.0 | 1.3 |
| 同比 | 0.6 | −1.1 | −0.6 | 0.5 |
| 2017 年 1～10 月 | 3.09 | 2.78 | 3.07 | 4.01 |
| 累计同比 | 0.3 | −2.5 | −1.0 | 0.2 |

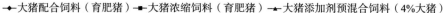

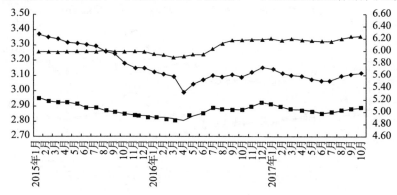

图 7　猪饲料价格走势（元/千克）

注：大猪浓缩饲料（育肥猪）和大猪添加剂预混合饲料（4％大猪）价格参考右侧刻度值

### 表4　浓缩饲料和添加剂预混合饲料全国平均价格

单位：元/千克、%

| 项　目 | 浓缩饲料 | | | 添加剂预混合饲料 | | |
|---|---|---|---|---|---|---|
| | 育肥猪 | 蛋鸡高峰 | 肉大鸡 | 4％大猪 | 5％蛋鸡高峰 | 5％肉大鸡 |
| 2017 年 10 月 | 5.07 | 3.73 | 4.25 | 6.23 | 5.61 | 6.01 |
| 环比 | 0.6 | 0.3 | 0.0 | 0.2 | 1.1 | −0.3 |
| 同比 | 0.8 | −0.3 | 1.2 | 0.8 | 2.7 | 2.2 |
| 2017 年 1～10 月 | 5.04 | 3.75 | 4.22 | 6.18 | 5.48 | 5.93 |
| 累计同比 | 1.4 | 0.8 | 1.4 | 2.8 | 2.4 | 1.5 |

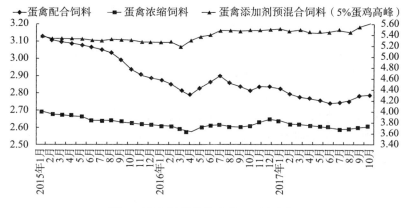

图 8　蛋禽饲料价格走势（元/千克）

注：蛋禽浓缩饲料和蛋禽添加剂预混合饲料（5％蛋鸡高峰）价格参考右侧刻度值

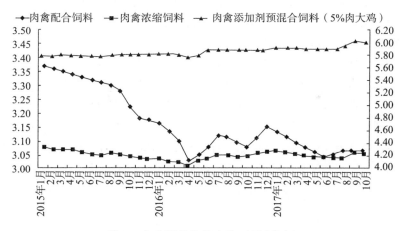

图 9　肉禽饲料价格走势（元/千克）

注：肉禽浓缩饲料和肉禽添加剂预混合饲料（5％肉大鸡）价格参考右侧刻度值

## 五、本月饲料和畜牧行业值得关注的情况

1. 猪饲料。10 月，全国批发市场毛猪平均价格为 15.23 元/千克，环比下降 4.1％，同比下降 11.2％。双节之后肉类消费阶段性下降，毛猪平均价格环比走跌，养殖盈利收紧。2017 年生猪养殖一直处于盈利状态，毛猪出栏活重持续增加，育肥猪饲料投喂较积极，猪饲料需求增加。由于 9 月提前备货量较大，10 月猪饲料产量环比下降 6.2％，同比增长 8.9％。

2. 蛋禽饲料。10月，全国批发市场鸡蛋平均价格为 8.17 元/千克，环比下降 9.1%，同比增长 9.5%。10月蛋禽养殖处于生产旺季，禽蛋供应量继续增长，消费市场季节性转淡，鸡蛋价格高位回落，但仍保持盈利。虽然新增雏鸡量较多，产蛋期蛋鸡存栏量几乎持平，蛋禽饲料需求趋弱。加之 9 月提前备货量较大，透支 10 月产量，产量环比下降 8.8%。

3. 肉禽饲料。10月，全国批发市场活鸡平均价格为 17.75 元/千克，环比增长 4.7%，同比下降 1.4%。10月肉禽供应量持续改善，加上节日前后肉禽出栏相对集中，屠宰企业压价收购，毛鸡价格快速下滑。肉禽养殖效益在连续 4 个月盈利后再次出现亏损。10月肉禽饲料产量环比下降 5.3%，同比下降 9.7%。

4. 水产饲料。10月，全国批发市场鲤鱼平均价格为 11.66 元/千克，环比下降 1.4%；草鱼平均价格为 14.48 元/千克，环比下降 3.7%；带鱼平均价格为 35.91 元/千克，环比增长 0.1%。10月主要淡水鱼价格环比下跌，水产养殖高峰期基本结束，存塘量萎缩明显。但 2017 年淡水鱼价格整体走高，南方主要水产养殖区台风较少，气温适宜，疫病较少，养殖规模适度增长。10月水产饲料产量环比增长 34.5%，同比增长 14.1%。

5. 反刍饲料。10月，全国批发市场牛肉平均价格为 54.36 元/千克，环比增长 1.2%；羊肉平均价格为 49.32 元/千克，环比增长 2.7%；主产省份生鲜乳平均价格止跌回升，平均价格为 3.48 元/千克，环比增长 0.6%。10月全国大部分地区奶牛养殖市场处于生产旺季阶段，同时奶类、牛羊肉步入消费旺季，肉牛、肉羊价格上涨明显。10月反刍饲料需求环比下降 1.0%，同比下降 9.0%。

## 2017 年 11 月全国饲料生产形势分析

### 一、基本生产情况

11 月，据农业部重点跟踪的 180 家饲料企业统计数据显示，饲料总产量环比下降 2.3%，同比下降 7.3%。11 月生猪养殖继续保持盈利，仔猪价格走低，养殖户补栏积极，猪饲料产量环比增长 4.0%，仔猪饲料产量环比增长 24.3%；蛋价持续走高，蛋禽全面盈利，饲料产量环比增长 3.2%；因近 3 个月肉禽价格在盈亏线附近震荡，养殖户补栏谨慎，饲料产量环比下降 3.8%；反刍饲料进入季节旺季，产量环比增长 14.9%（图 1、图 2、图 3）。

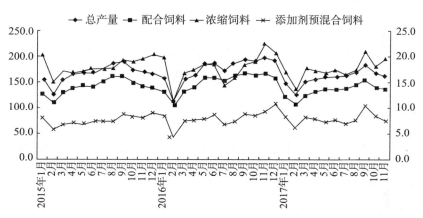

图 1　2015 年 1 月至 2017 年 11 月 180 家饲料企业产量月度走势（万吨）

注：浓缩饲料和添加剂预混合饲料参考右侧刻度值

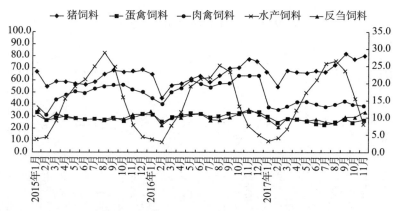

图 2　2015 年 1 月至 2017 年 11 月 180 家饲料企业不同品种饲料产量月度走势（万吨）

注：水产饲料和反刍饲料参考右侧刻度值

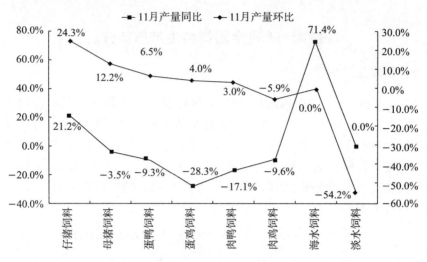

图 3　2017 年 11 月 180 家饲料企业不同品种饲料产量月度同比、环比

注：环比参考右侧刻度值

## 二、不同规模企业情况

11 月不同规模企业环比情况：月产 1 万吨以上的企业产量环比增长 1.1%，月产 0.5 万~1 万吨的企业产量环比下降 5.9%，月产 0.5 万吨以下的企业产量环比下降 15.3%。

11 月不同规模企业同比情况：月产 1 万吨以上的企业产量同比下降 0.1%，月产 0.5 万~1 万吨的企业产量同比下降 21.9%，月产 0.5 万吨以下的企业产量同比下降 23.4%（图 4）。

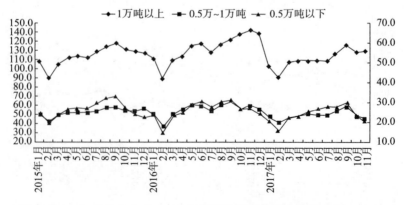

图 4　2015 年 1 月至 2017 年 11 月不同规模饲料企业产量走势（万吨）

注：0.5 万~1 万吨和 0.5 万吨以下企业产量参考右侧刻度值

### 三、饲料原料采购价格情况

11月，主要饲料原料和饲料添加剂价格涨跌互现。在环比增长的各品种中，豆粕受美国大豆震荡走强行情带动、环保控制企业生产和部分地区供应不足影响，豆粕价格环比增长 1.3%；麦麸受小麦成本高企、面粉厂开工量不足影响，价格走强，环比增长 4.5%；磷酸氢钙因主要生产厂家设备检修和环保督查导致企业开工率不足，价格环比增长 7.9%；受秘鲁渔获资源不理想的影响，外盘鱼粉行情强劲，进口鱼粉价格明显上涨，环比增长 6.5%。在价格环比下降的各品种中，新玉米上市量继续增加，价格环比下降 0.5%；菜粕处于消费淡季，需求进一步萎缩，价格环比下降 0.4%；新棉粕正值上市高峰，价格环比下降 0.4%；蛋氨酸因供应充足，市场需求下降，月度平均价格皆走低（表1、表2、图5、图6）。

**表 1 饲料原料采购均价变化**

单位：元/千克、%

| 项 目 | 玉米 | 豆粕 | 棉粕 | 菜粕 | 麦麸 | 进口鱼粉 |
|---|---|---|---|---|---|---|
| 2017年11月 | 1.86 | 3.19 | 2.71 | 2.35 | 1.62 | 11.77 |
| 环比 | −0.5 | 1.3 | −0.4 | −0.4 | 4.5 | 6.5 |
| 同比 | −3.1 | −6.7 | −7.2 | −2.5 | −2.4 | −1.3 |
| 2017年1~11月 | 1.81 | 3.17 | 2.81 | 2.39 | 1.62 | 11.44 |
| 累计同比 | −7.2 | 4.3 | 1.8 | 8.6 | 18.2 | −9.4 |

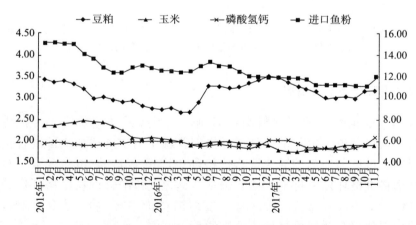

图 5 2015年1月至2017年11月饲料大宗原料月度采购均价走势（元/千克）

注：进口鱼粉价格参考右侧刻度值

### 表 2　饲料添加剂采购均价变化

单位：元/千克、%

| 项　目 | 磷酸氢钙 | 赖氨酸 (98.5%) | 赖氨酸 (65%) | 蛋氨酸 (固体) | 蛋氨酸 (液体) |
|---|---|---|---|---|---|
| 2017 年 11 月 | 2.05 | 8.96 | 4.92 | 22.49 | 19.28 |
| 环比 | 7.9 | −0.3 | −2.2 | −0.7 | −0.5 |
| 同比 | 10.8 | −12.6 | −20.0 | −11.8 | −10.5 |
| 2017 年 1~11 月 | 1.87 | 8.93 | 5.30 | 22.63 | 19.44 |
| 累计同比 | −1.1 | 6.4 | 4.1 | −24.2 | −20.1 |

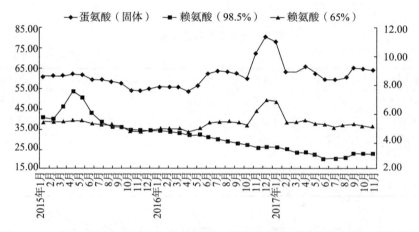

图 6　2015 年 1 月至 2017 年 11 月赖氨酸、蛋氨酸月度采购均价走势（元/千克）
注：赖氨酸（98.5%）和赖氨酸（65%）价格参考右侧刻度值

## 四、饲料产品价格情况

　　11 月，受饲料添加剂原料涨价影响，饲料产品整体价格小幅上涨。其中，蛋禽饲料受现阶段养殖户延续亏损期普遍使用蛋禽添加剂预混合饲料的习惯影响，蛋禽添加剂预混合饲料价格环比增长 1.1%，蛋禽配合饲料、蛋禽浓缩饲料价格环比皆持平。猪、肉禽、鲤鱼成鱼配合饲料价格环比分别增长 0.3%、0.3%、0.2%，猪、肉禽浓缩饲料价格环比均增长 0.2%，猪、肉禽添加剂预混合饲料价格环比分别增长 1.0%、0.7%（表 3、表 4、图 7、图 8、图 9）。

### 表 3　配合饲料全国平均价格

单位：元/千克、%

| 项　目 | 配合饲料 | | | |
| --- | --- | --- | --- | --- |
| | 育肥猪 | 蛋鸡高峰 | 肉大鸡 | 鲤鱼成鱼 |
| 2017 年 11 月 | 3.12 | 2.79 | 3.07 | 4.06 |
| 环比 | 0.3 | 0.0 | 0.3 | 0.2 |
| 同比 | 0.0 | −1.8 | −1.3 | 0.7 |
| 2017 年 1～11 月 | 3.10 | 2.78 | 3.07 | 4.02 |
| 累计同比 | 0.6 | −2.1 | −1.0 | 0.5 |

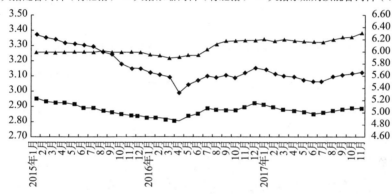

图 7　猪饲料价格走势（元/千克）

注：大猪浓缩饲料（育肥猪）和大猪添加剂预混合饲料（4%大猪）价格参考右侧刻度值

### 表 4　浓缩饲料和添加剂预混合饲料全国平均价格

单位：元/千克、%

| 项　目 | 浓缩饲料 | | | 添加剂预混合饲料 | | |
| --- | --- | --- | --- | --- | --- | --- |
| | 育肥猪 | 蛋鸡高峰 | 肉大鸡 | 4%大猪 | 5%蛋鸡高峰 | 5%肉大鸡 |
| 2017 年 11 月 | 5.08 | 3.73 | 4.26 | 6.29 | 5.67 | 6.05 |
| 环比 | 0.2 | 0.0 | 0.2 | 1.0 | 1.1 | 0.7 |
| 同比 | −0.2 | −1.8 | 0.5 | 1.6 | 3.8 | 2.9 |
| 2017 年 1～11 月 | 5.04 | 3.74 | 4.23 | 6.19 | 5.50 | 5.94 |
| 累计同比 | 1.2 | 0.3 | 1.7 | 2.7 | 2.6 | 1.7 |

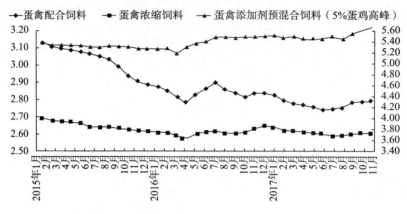

图 8　蛋禽饲料价格走势（元/千克）

注：蛋禽浓缩饲料和蛋禽添加剂预混合饲料（5%蛋鸡高峰）价格参考右侧刻度值

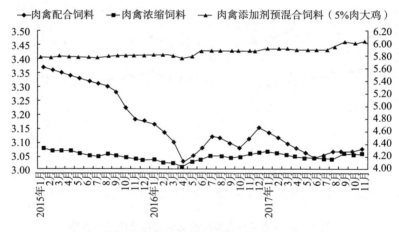

图 9　肉禽饲料价格走势（元/千克）

注：肉禽浓缩饲料和肉禽添加剂预混合饲料（5%肉大鸡）价格参考右侧刻度值

### 五、本月饲料和畜牧行业值得关注的情况

1. 猪饲料。11 月，全国批发市场毛猪平均价格为 14.68 元/千克，环比下降 3.6%，同比下降 13.5%。11 月猪肉消费需求量小幅增长，市场商品猪供需基本维持平衡略偏紧，供需博弈下，猪价小幅下降，但生猪养殖仍继续保持盈利。同时，受仔猪供应紧张态势缓解的影响，仔猪价格持续走低，刺激养殖户补栏积极，猪饲料产量环比增长 4.0%，其中，仔猪饲料产量环比增长 24.3%。

2. 蛋禽饲料。11 月，全国批发市场鸡蛋平均价格为 8.38 元/千克，环比增长 2.6%，同比增长 12.5%。11 月，蛋禽养殖结束，秋季生产旺季阶段进入淡季模式，市场养殖规模略有下降，鸡蛋消费小幅增长，供应略显偏紧，鸡蛋月度平均价格环比继续明显上涨，蛋禽养殖全面盈利。随着养殖场、经销商前期备货逐渐消化，11 月蛋禽饲料产量再次回升，环比增长 3.2%，同比下降 23.1%。

3. 肉禽饲料。11 月，全国批发市场活鸡平均价格为 17.55 元/千克，环比下降 1.1%，同比下降 4.0%。11 月，肉禽市场养殖规模继续保持基本稳定，受供应需求变化影响，肉禽价格偏弱波动。同时，由于近 3 个月肉禽价格在盈亏线附近反复震荡，加之秋冬季节是禽流感疫情濒危阶段，肉禽养殖户补栏谨慎，饲料需求环比下降 3.8%，同比下降 13.1%。

4. 水产饲料。11 月，全国批发市场鲤鱼平均价格为 11.39 元/千克，环比下降 2.3%；草鱼平均价格为 14.25 元/千克，环比下降 1.6%；带鱼平均价格为 34.71 元/千克，环比下降 3.3%。11 月主要淡水鱼价格环比下跌。全国水产养殖市场明显萎缩，存塘数量环比继续下降，水产饲料需求收窄，11 月水产饲料环比季节性下降 50.0%。

5. 反刍饲料。11 月，全国批发市场牛肉平均价格为 54.71 元/千克，环比增长 0.6%；羊肉平均价格为 51.01 元/千克，环比增长 3.4%。肉牛、肉羊养殖市场处于出栏高峰期，牛羊肉供应继续保持偏紧张态势，市场进入消费高峰期，价格环比继续上涨。反刍养殖进入季节性饲料需求旺季，11 月反刍饲料产量环比增长 14.9%，同比下降 7.9%。

# 2017 年 12 月全国饲料生产形势分析

## 一、基本生产情况

12 月，据农业部重点跟踪的 180 家饲料企业统计数据显示，饲料总产量环比增长 0.5%，同比下降 1.1%。12 月临近春节，部分养殖户压栏惜售大猪，猪饲料产量环比增长 3.5%。市场仔猪供应偏紧，仔猪饲料产量环比下降 14.2%；蛋价高位运行，养殖户看好后市，饲料需求旺盛，产量环比增长 7.8%；临近元旦假期肉禽大量出栏，养殖户补栏谨慎，肉禽饲料产量环比下降 1.9%；反刍饲料继续萎缩，产量环比下降 5.2%（图1、图2、图3）。

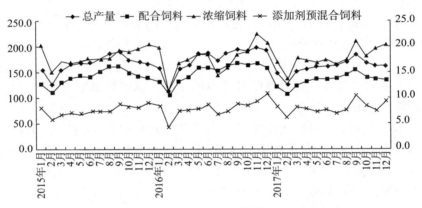

图 1　2015 年 1 月至 2017 年 12 月 180 家饲料企业产量月度走势（万吨）
注：浓缩饲料和添加剂预混合饲料参考右侧刻度值

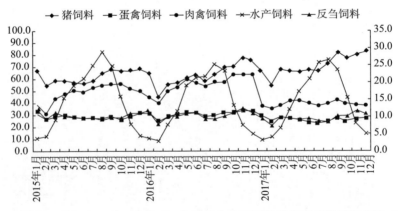

图 2　2015 年 1 月至 2017 年 12 月 180 家饲料企业不同品种饲料产量月度走势（万吨）
注：水产饲料和反刍饲料参考右侧刻度值

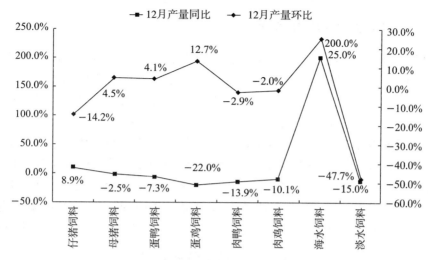

图 3 2017 年 12 月 180 家饲料企业不同品种饲料产量月度同比、环比

注：环比参考右侧刻度值

## 二、不同规模企业情况

12 月不同规模企业环比情况：月产 1 万吨以上的企业产量环比增长 0.9%，月产 0.5 万～1 万吨的企业产量环比下降 1.2%，月产 0.5 万吨以下的企业产量环比持平。

12 月不同规模企业同比情况：月产 1 万吨以上的企业产量同比增长 4.0%，月产 0.5 万～1 万吨的企业产量同比下降 10.5%，月产 0.5 万吨以下的企业产量同比下降 13.5%（图 4）。

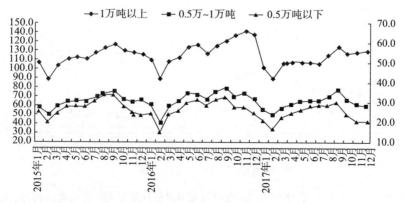

图 4 2015 年 1 月至 2017 年 12 月不同规模饲料企业产量走势（万吨）

注：0.5 万～1 万吨和 0.5 万吨以下企业产量参考右侧刻度值

### 三、饲料原料采购价格情况

12月，主要饲料原料和饲料添加剂价格以涨为主。环比中，除豆粕受全球大豆丰产压力、美国大豆震荡走弱牵累，环比持平；棉粕因本年度丰产，供应量充足，价格环比下降 0.4％；蛋氨酸供应充足，需求未出现增量，月度平均价格走低。新玉米上市量继续增加，市场交易活跃，玉米价格小幅增长 0.5％；菜粕受本年度减产、现货库存偏低等因素的影响，利好提振，价格环比增长 0.4％；小麦成本高企及玉米价格上涨支撑麦麸价格继续走强，价格环比增长 4.9％；秘鲁渔获资源吃紧，市场惜售，鱼粉价格环比增长 6.7％；赖氨酸供应逐步宽松，但由于成本价格上移，赖氨酸（98.5％）和赖氨酸（65％）的月度平均价格分别增长 3.8％和 1.4％（表1、表2、图5、图6）。

**表 1　饲料原料采购均价变化**

单位：元/千克、%

| 项　目 | 玉米 | 豆粕 | 棉粕 | 菜粕 | 麦麸 | 进口鱼粉 |
|---|---|---|---|---|---|---|
| 2017 年 12 月 | 1.87 | 3.19 | 2.70 | 2.36 | 1.70 | 12.56 |
| 环比 | 0.5 | 0.0 | −0.4 | 0.4 | 4.9 | 6.7 |
| 同比 | 0.0 | −8.9 | −9.7 | −3.7 | 0.0 | 5.3 |
| 2017 年 1～12 月 | 1.81 | 3.17 | 2.80 | 2.39 | 1.62 | 11.54 |
| 累计同比 | −7.2 | 2.9 | 0.7 | 7.7 | 15.7 | −8.2 |

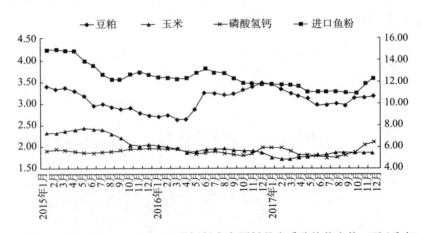

图 5　2015 年 1 月至 2017 年 12 月饲料大宗原料月度采购均价走势（元/千克）

注：进口鱼粉价格参考右侧刻度值

表 2　饲料添加剂采购均价变化

单位：元/千克、%

| 项　　目 | 磷酸氢钙 | 赖氨酸<br>（98.5%） | 赖氨酸<br>（65%） | 蛋氨酸<br>（固体） | 蛋氨酸<br>（液体） |
|---|---|---|---|---|---|
| 2017 年 12 月 | 2.14 | 9.30 | 4.99 | 21.96 | 19.05 |
| 环比 | 4.4 | 3.8 | 1.4 | −2.4 | −1.2 |
| 同比 | 7.0 | −17.8 | −28.2 | −15.5 | −14.4 |
| 2017 年 1~12 月 | 1.90 | 8.96 | 5.27 | 22.58 | 19.41 |
| 累计同比 | 0.0 | 3.7 | 0.6 | −23.6 | −19.7 |

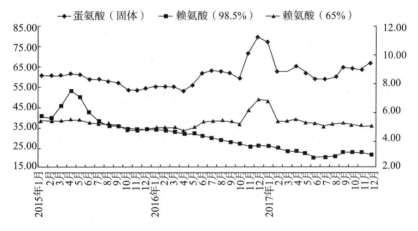

图 6　2015 年 1 月至 2017 年 12 月赖氨酸、蛋氨酸月度采购均价走势（元/千克）

注：赖氨酸（98.5%）和赖氨酸（65%）价格参考右侧刻度值

## 四、饲料产品价格情况

12 月，受原料采购成本整体继续提高的影响，饲料产品价格继续小幅上涨。其中，猪、蛋禽、肉禽配合饲料价格环比分别增长 0.3%、0.4%、0.3%。受鱼粉价格大幅上涨影响，部分水产饲料生产企业提价意愿强烈，鲤鱼成鱼饲料价格环比增长 0.7%；猪、蛋禽、肉禽浓缩饲料价格环比分别增长 0.4%、0.5%、0.7%；猪、蛋禽、肉禽添加剂预混合饲料价格环比分别增长 0.6%、0.4%、0.8%（表 3、表 4、图 7、图 8、图 9）。

### 表3 配合饲料全国平均价格

单位：元/千克、%

| 项　目 | 配合饲料 | | | |
|---|---|---|---|---|
| | 育肥猪 | 蛋鸡高峰 | 肉大鸡 | 鲤鱼成鱼 |
| 2017年12月 | 3.13 | 2.80 | 3.08 | 4.09 |
| 环比 | 0.3 | 0.4 | 0.3 | 0.7 |
| 同比 | −0.6 | −1.4 | −2.2 | 0.5 |
| 2017年1～12月 | 3.10 | 2.78 | 3.07 | 4.02 |
| 累计同比 | 0.3 | −2.1 | −1.0 | 0.2 |

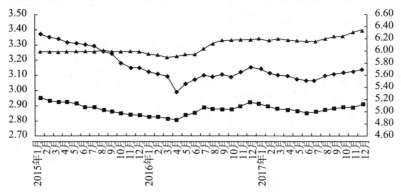

### 图7 猪饲料价格走势（元/千克）

注：大猪浓缩饲料（育肥猪）和大猪添加剂预混合饲料（4%大猪）价格参考右侧刻度值

### 表4 浓缩饲料和添加剂预混合饲料全国平均价格

单位：元/千克、%

| 项　目 | 浓缩饲料 | | | 添加剂预混合饲料 | | |
|---|---|---|---|---|---|---|
| | 育肥猪 | 蛋鸡高峰 | 肉大鸡 | 4%大猪 | 5%蛋鸡高峰 | 5%肉大鸡 |
| 2017年12月 | 5.10 | 3.75 | 4.29 | 6.33 | 5.69 | 6.10 |
| 环比 | 0.4 | 0.5 | 0.7 | 0.6 | 0.4 | 0.8 |
| 同比 | −0.8 | −2.6 | 0.5 | 2.3 | 4.0 | 3.4 |
| 2017年1～12月 | 5.05 | 3.75 | 4.23 | 6.20 | 5.52 | 5.95 |
| 累计同比 | 1.2 | 0.3 | 1.4 | 2.6 | 2.8 | 1.9 |

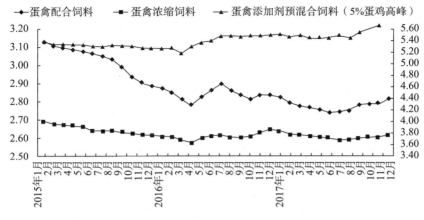

图 8　蛋禽饲料价格走势（元/千克）

注：蛋禽浓缩饲料和蛋禽添加剂预混合饲料（5%蛋鸡高峰）价格参考右侧刻度值

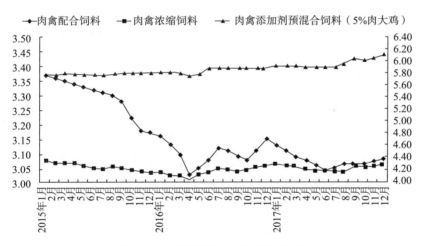

图 9　肉禽饲料价格走势（元/千克）

注：肉禽浓缩饲料和肉禽添加剂预混合饲料（5%肉大鸡）价格参考右侧刻度值

### 五、本月饲料和畜牧行业值得关注的情况

1. 猪饲料。12 月，全国批发市场毛猪平均价格为 15.73 元/千克，环比增长 7.1%，同比下降 14.0%。12 月，南方腊肉制作的需求及节前备货增加，支撑猪价较上月有所增长，生猪养殖继续保持盈利。临近春节，生猪出栏体重小幅提升，待出栏大猪、压栏生猪存栏比例增加，养殖户投喂积极，猪饲料产量环比增长 3.5%，同比增长 11%。仔猪平均价格为 23.04 元/千克，环比增

长 6.5%，但仔猪饲料产量环比下降 14.2%，仔猪供应略紧格局还未改变。

2. 蛋禽饲料。12 月，全国批发市场鸡蛋平均价格为 9.09 元/千克，环比增长 8.5%，同比增长 27.3%。12 月蛋禽养殖处于生产淡季，居民禽蛋消费继续小幅增长，食品加工生产企业禽蛋采购量增长，供应略显偏紧，鸡蛋月度平均价格继续明显上涨。蛋禽养殖维持丰厚利润。蛋禽饲料需求旺盛，叠加因原料持续上涨引发的恐涨心理，养殖场、经销商提前备货，12 月蛋禽饲料产量再次大幅回升，环比增长 7.8%。

3. 肉禽饲料。12 月，全国批发市场活鸡平均价格为 17.14 元/千克，环比下降 2.3%，同比下降 5.7%。肉禽市场受供应需求变化影响，肉禽价格偏弱波动。由于近 4 个月肉禽价格在盈亏线附近反复震荡，且秋冬季节是禽流感疫情濒危阶段，肉禽养殖户补栏谨慎，加之元旦假期之前出栏数量略有增加，饲料需求环比下降 1.9%，同比下降 10.8%。

4. 水产饲料。12 月，全国批发市场鲤鱼平均价格为 11.53 元/千克，环比增长 1.2%；草鱼平均价格为 14.23 元/千克，环比下降 0.2%；带鱼平均价格为 35.35 元/千克，环比增长 1.8%。12 月，水产养殖市场全面进入冬季淡季模式，大部分地区的露天养殖场基本处于停歇状态，水产品存塘量继续下降，水产饲料需求环比下降 36.4%。

5. 反刍饲料。12 月，全国批发市场牛肉平均价格为 55.55 元/千克，环比增长 1.5%；羊肉平均价格为 52.53 元/千克，环比增长 3.0%。肉牛、肉羊养殖市场处于出栏高峰期，随着市场进入牛羊肉消费旺季，市场供应继续保持偏紧态势，牛羊肉价格环比继续上涨。奶牛养殖继续处于冬季产奶淡季阶段，饲料转化率下降。反刍养殖季节性饲料需求萎缩，12 月反刍饲料产量环比下降 5.2%，同比下降 3.5%。

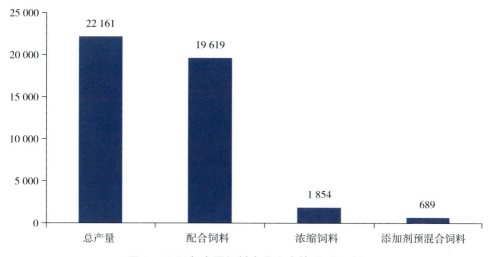

图 1　2017 年全国饲料产品生产情况（万吨）

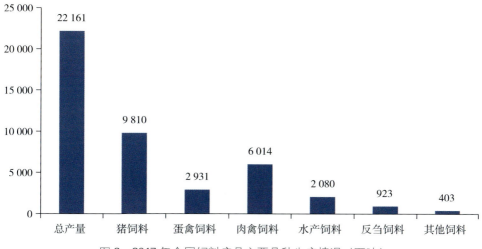

图 2　2017 年全国饲料产品主要品种生产情况（万吨）

图 3 　2017 年配合饲料产品结构

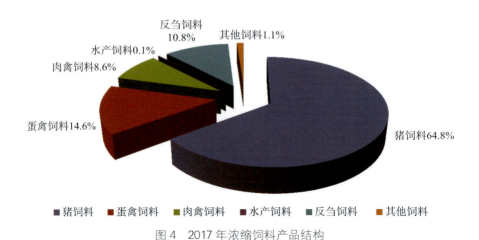

图 4 　2017 年浓缩饲料产品结构

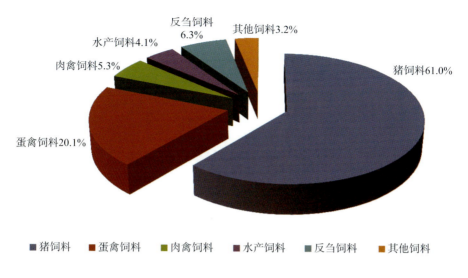

图 5　2017 年添加剂预混合饲料产品结构

图 6　2013—2017 年猪饲料价格走势（元/千克）

注：大猪浓缩饲料（育肥猪）和大猪添加剂预混合饲料（4%大猪）价格参考右侧刻度值

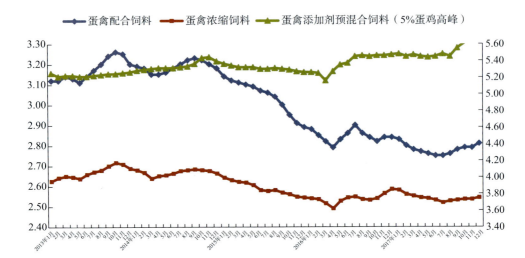

图 7  2013—2017 年蛋禽饲料价格走势（元/千克）

注：蛋禽浓缩饲料和蛋禽添加剂预混合饲料（5％蛋鸡高峰）价格参考右侧刻度值

图 8  2013—2017 年肉禽价格走势（元/千克）

注：肉禽浓缩饲料和肉禽添加剂预混合饲料（5％肉大鸡）价格参考右侧刻度值